AI

最熱門 100⁺ 種
資訊知識圖卡
工具筆記書

陳乃誠―著

推薦序

很開心看到乃誠老師的《最熱門 100+ 種 AI 資訊知識圖卡工具筆記》出版，拿到書的當下，也憶起當時看到圖卡版時的驚喜與雀躍。有幸藉此序分享並邀請大家一起「勇敢想、認真玩、織幸福」！

勇敢想

AIGC 工具何其多，而且不斷推陳出新。我們或許感到焦慮與無所適從，但有了乃誠老師用心整理，以卡片表格式的風格呈現，推薦他自己使用後的真心推薦，除了讓我們安心不少，更鼓勵大家輕鬆且靈活地嘗試這些熱門好用的工具。能熟練駕馭後，就能更勇敢地發想如何應用在生活與工作之中。

認真玩

本書以卡片式介紹每個工具，也留白另一面，可以用來紀錄自己的使用心得與應用創意。同時，這樣的親身經歷與感受，也能從自己出發，再與更多人一起玩！與家人、同事們，在輕鬆翻閱本書時，就像聊天般都能在不經意中玩出教學心花樣。此外，若進一步規劃活動應用於教學中，再能看看孩子們在您的引導下，也能自在與適切地駕馭各式各樣的 AIGC 工具，您可以相信：他們就有了隨身陪伴的學習夥伴。

織幸福

在我們共同經歷疫情停課，也開展多年生生用平板的教學現場裡，這股 AIGC 浪潮，不只擾動了教育現場，更是帶給全世界另一波衝擊！唯有行動與實踐，我們不僅能看見工具帶來的強大威力，更增添了自信，相信自己能增長智慧，與身邊的伙伴們，藉助 AIGC 共譜未來，編織幸福美好。

教育部落格大學塾塾長．張原禎老師

推薦序

　　我想和大家分享一位我非常珍視的朋友——大乃老師。他是一位真正用心生活的人，總是能以獨特的方式將他的熱情和智慧融入到每件事情中。這本書，正是他性格的延伸，充滿了他對 AI 工具的深刻理解與真誠分享。

　　大乃老師就像是一位耐心的導遊，帶領我們探索 AI 工具的世界。他不急於追求浮華的表面，而是專注於每一個細節，親自試用每一個工具，並將自己的心得整理成清晰易懂的內容。他的文字就像他的性格一樣，溫暖而有力量，讓人感受到一種踏實的安心。

　　作為溝通教練，我對「聲音」有著特別的敏感，而大乃老師的書就像是一段溫柔的對話。每一頁都充滿了他真誠的聲音，既不譁眾取寵，也不流於表面，而是透過實際的使用經驗，為讀者提供切實可行的建議。他的評價客觀中肯，總能讓人感受到他對工具的深刻理解。

　　在這本書中，大乃老師以細膩的筆觸，將 AI 工具的分類、功能、優缺點，以及適用場景一一呈現。他的分享就像朋友間的真誠交流，既有理性的分析，又帶著溫暖的人性關懷。這種特質讓這本書不僅僅是一份工具指南，更是一份充滿溫度的陪伴。

　　我相信，閱讀這本書就像與大乃老師坐下來聊聊天。他的文字讓我們聽見他的聲音，也讓我們感受到他在探索過程中的每一份細膩與用心。這本書能幫助每一位對 AI 工具充滿好奇的讀者，找到屬於自己的智慧之路。

　　誠摯推薦給所有希望在人工智慧浪潮中找到方向的朋友，讓我們一起傾聽這本書的聲音。

聲音訓練專家・周震宇老師

推薦序

今天你 AI 了嗎？

當人工智慧逐漸走入我們的教室，許多老師面對新工具的使用，心中既期待又怕受傷害。

有人說：「AI 不會取代老師，會使用 AI 的老師，將取代不會用 AI 的老師。」

我們期待與時俱進地改變，卻又擔心無法駕馭日新月異的 AI 技術。這時，陳乃誠老師的《最熱門 100+AI 資訊知識圖卡工具筆記書》，像是一位理解現場困難、又願意陪伴同行夥伴的神隊友，他好像在身邊輕聲地對我們說：「沒關係，我帶著你一步步來。你不用很厲害才開始，你要開始才會很厲害！」

這套知識圖卡不只是 AI 教學工具的百寶箱，它更是教師對「教學未來式」的積極回應。

每一張卡片背後，都是乃誠老師以科技 × 人文的雙視角，既細膩觀察又以實踐經驗來提煉，讓大家輕鬆上手，迅速實踐。

乃誠老師從圖像生成、文字轉譯、影音製作，到互動學習與差異化評量，以圖卡引導我們用 AI 延伸課室教學的無限可能，也重拾課室「創造」學習的樂趣。原來，學不是輸出知識，而是點燃探索的火花。AI，就是那一把火苗。

乃誠老師的這本知識圖卡書既好用專業，又貼近人心；既實用簡單，也充滿 AI 教學的想像空間。

讀著讀著，你和我一樣，逐漸發現這不只是在學習 AI 新工具，而是在重新找回教學的熱情與信心。

在資訊爆炸的時代，這本書像一把篩網，幫我們篩出真正值得精準學習的 AI 技術，也像一條索繩，在教育現場繼續為孩子點燈，點亮 AI 教室的熱情之光。

我想「科技不能取代人心，但能放大一顆願意學習與分享的心。」這是送給所有勇敢擁抱 AI 的教育者，幫助我們成為更好的老師、更好的學習者。

閱讀傳教士・宗怡慧老師

作者序

在 AI 蓬勃發展的時代，我編寫了這本《最熱門 100+ 種 AI 資訊知識圖卡工具筆記》，為想要自主學習的讀者提供實用的 AI 工具指南。本書收錄超過 100 張精心整理的 AI 工具卡片，每一張都凝聚著我在實際工作現場的經驗與思考。雖然我自己是位教育工作者，但我深知在資訊爆炸的時代，不只是教育工作者，所有現代及未來的工作者都需要掌握 AI 工具。無論您來自哪個行業，這本書都能幫助您輕鬆掌握最熱門、最強大的 AI 工具，將其靈活運用在生活和工作中。

我的 AI 探索之旅

親愛的讀者們，當你翻開這本書，其實是在翻開我生命中一段奇妙的旅程。

教育工作者的成長歷程

從國中教室到 AI 探索：回想起國中教學的時光，我最期待看見的是學生臉上綻放的笑容，特別是當他們為了學習而發自內心的歡欣時刻，那種純粹的喜悅總是最打動我的心。每一次課堂互動、每一個會心的眼神交流，都成為我教育生涯中最珍貴的回憶。那時的我雖然還不確定未來的方向，但看著學生們快樂學習的模樣，更堅定了我對教育的初心。

教學理念的轉變：在我的國文教學生涯中，一開始我是個經師，專注於傳授學問，希望將自己的所有知識都傳授給每個孩子，也是個為每一分數而斤斤計較的老師。後來遇見謝錦桂毓老師後，我經歷了重大轉變——從單純的經師，蛻變為細心觀察教室中每個孩子成長的引導者。我也從一個純粹講授的教師，逐漸轉型為推動分組合作學習的教育者。

跨入科技的轉捩點：擔任行政工作之後，特別是擔任資訊組長的日子，是我踏入科技世界的重要轉捩點。從傳統教學到數位學習，我看見了科技如何翻轉教育的可能性。那些熬夜測試的系統、解決科技系統問題的日子，雖然辛苦，卻讓我逐漸理解：未來的教育，必然與科技密不可分。感謝學校給我這個機會，讓我能夠站在教育與科技的交界處，探索無限可能。

AI 工具的探索與整理

在混沌中尋找方向：當 AI 浪潮席捲而來，我像是站在時代的浪尖上，既興奮又迷惘。開始整理各種 AI 工具，不僅是為了工作需要，更是為了梳理自己對這個嶄新領域的理解。每一張卡片的誕生，都來自於我對 AI 的好奇與探索。這些整理不僅幫助他人，也讓我在混沌中找到了方向。

持續學習的動力：隨著 AI 工具的整理越來越系統化，我發現自己也在這個過程中不斷成長。每天接觸新的 AI 應用，每天思考它們如何融入日常生活，這樣的習慣讓我保持謙卑與好奇。在知識爆炸的時代，唯有不斷學習，才能跟上時代的腳步。感謝 AI 給了我重新定義自己的機會。

知識分享的價值：當我開始將這些 AI 卡片分享到各個社群和學習場合，收到的回饋超乎我的想像。那些「原來 AI 可以這樣用」的驚嘆，那些「謝謝你讓我少走了好多冤枉路」的感謝，都成為我繼續前行的動力。看著越來越多人因為這些卡片而開始嘗試 AI 工具，我感到無比欣慰——科技的種子，正在台灣這片土壤中生根發芽。

感謝篇

支持系統的力量：我要特別感謝團隊中每一位幫助過我的人。感謝學校的校長和主任給予支持，讓我有機會接觸教育圈最新的資訊，並將這些寶貴經驗帶回來與每位老師分享。感謝社群中的老師們，你們的實踐經驗讓我能夠整理出更豐富的教學心得，並將這些知識傳承下去。

家人的無條件支持：最後，感謝我摯愛的家人——媽媽、老婆、兒子、妹妹，因為有你們無私的支持，我才能專心寫作，無後顧之憂。

專業肯定與出版支持：特別感謝張原禎老師的推薦。原禎老師在科技教育領域擁有前瞻視野和豐富經驗，一直是我學習的榜樣。還記得第一次分享 AI 卡片時，原禎老師給予的鼓勵為我注入莫大信心。「這樣的整理正是現在教育現場最需要的」——感謝原禎老師的推薦，讓這本書得以問世。

我也要向台科大圖書表達最誠摯的謝意，特別是范文豪先生，他二話不說就全力支持這本書的出版。感謝你們對這個計畫的信任與支持，讓這 100 多張 AI 卡片得以化為實體，觸及更多需要的人。從構思到出版的每一步，我都深深感受到出版團隊的專業與熱情。謝謝你們相信 AI 與教育結合的價值，也謝謝你們相信我能夠傳遞這份價值。

結語

這本書不僅是知識的集結，更承載著我對科技與學習的熱愛與對未來的期待。希望這 100 多張 AI 工具卡片能成為你探索 AI 世界的指南，也希望我的分享能為你的自學旅程增添一些色彩。

在 AI 與人類共創的未來，願我們都能保持學習的熱情，實現自我成長的無限可能。

陳乃誠

AI資訊工具知識圖卡

目錄

聊天與對話助手

ChatGPT 2	Gemini 4	Claude 6
Copilot 8	ChatEverywhere 10	Poe 12
Monica AI 14	MaxAI 16	AI小幫手 18
Deepseek 20	Ithy 22	Toki AI 24
Kimi 26	Grok 28	

圖像創作與編輯

Moonshot 30	Adobe Firefly 32	Microsoft Bing 34
Midjourney 36	Ideogram 38	Raphael AI 40
Unreal Images 42	Piclumen 44	Genmo 46
A1.art 48	Designer 50	AutoDraw 52
Civital 54	Leonardo 56	Moonvalley 58
PiKa 60	Hailuo AI 62	WOXO AI 64
Invideo AI 66	Dream Machine 68	Runway 70

AI資訊工具知識圖卡

目錄

| Krea | 72 | Klingai | 74 | Hedra | 76 |
| Mootion | 78 | Dzine | 80 | Craiyon | 82 |

文字與寫作

| Notion | 84 | Hetpabase | 86 | NotebookLM | 88 |
| Obsidian | 90 | Google文件 | 92 | | |

影片創作與編輯

Canva	94	Capcut	96	Filmora	98
Clipchamp	100	剪映	102	Viggle	104
Vrew	106	FlexClip	108	HeyGen	110

簡報與心智圖表

Gamma	112	SlidesAI	114	Mapify	116
Xmind AI	118	Napkin	120	Alayna AI	122
Beautiful AI	124	iSlide	126		

AI資訊工具知識圖卡

目錄

教育與學習

AI伴學小助教 128	School AI 130	Brisk teaching 132
Curipod 134	Eduaide 136	Magic School 138
Padlet 140	Twee 142	Questionwell 144
Wayground 146	Kahoot 148	Diffit 150
Edcafe 152	Quizalize 154	T++ 156
PopAI 158		

語音與音訊

PodLM 160	Suno 162	Udio 164
MixerBox 166	LaLa AI 168	POPPOP AI 170
Memo 172		

AI資訊工具知識圖卡

目錄

筆記與知識管理

| APPLE備忘錄 | 174 | Mymemo | 176 | Get筆記 | 178 |
| Voicenotes | 180 | Scrintal | 182 | AudioPen | 184 |

會議與協作

| Vocol | 186 | Good Tape | 188 | 雅婷逐字稿 | 190 |
| Seameet | 192 |

搜尋與資訊整理

| Perplexity | 194 | Felo | 196 | Liner | 198 |
| Genspark | 200 |

多功能平台

Coze	202	Elmo	204	Sider	206
Snipd	208	Guidde	210	Websim AI	212
LM Studio	214	Fliphtml5	216	TinyWow	218

xi

AI資訊工具知識圖卡

語系：支援繁體中文 ｜ Freemium 模式

設備：手機 ｜ 桌機

類別：聊天與對話助手

1　工具名稱

ChatGPT

平台介紹和操作方式

ChatGPT可生成圖片、連結、程式、簡報、心智圖、表格等。

工具功能和使用情境

① 創作圖像 ⊘
② 文轉文案 ⊘
③ 思考推理 ⊘
④ 代理程式 ⊘
⑤ 學習研究 ⊘
⑥ 程式撰寫 ⊘
⑦ 深入研究 ⊘
⑧ 隨身秘書 ⊘
⑨ 網頁搜尋 ⊘

平台網址

評價和推薦

- 結合生活筆記，隨身手機記錄，幫大家用語音紀錄生活和整理。
- 生成視覺化圖片，喚起情感共鳴，用圖像表達心情和想法，增強溝通效果。
- 提供專業諮詢與解答，精準分析問題和資料匯整，帶來符合情感需求的專業建議與方案。

聊天與對話助手｜ChatGPT
MEMO

AI資訊工具知識圖卡

語系：支援繁體中文 ｜ Freemium 模式

設備：手機 ｜ 桌機

類別：聊天與對話助手

2　工具名稱

Gemini

平台介紹和操作方式

Gemini 是 Google 開發的多模態生成式 AI，能處理文字、圖片和音訊。

工具功能和使用情境

① 製作繪本　　④ 深入研究　　⑦ 生成影片
② 資訊圖卡　　⑤ 生成測驗　　⑧ Gem設定
③ 網頁編寫　　⑥ 程式撰寫　　⑨ 語音摘要

平台網址　　　　評價和推薦

- 多功能應用：Gemini 能處理文本、圖片和音訊，適合各種創作需求，讓使用者更有效率地完成任務。
- 友善介面：操作簡單易懂，即使對科技不熟悉的人也能輕鬆上手。
- 語言支持：支援超過 40 種語言，讓全球用戶都能利用其功能，打破語言障礙。

聊天與對話助手 | Gemini
MEMO

AI資訊工具知識圖卡

語系：支援繁體中文 ｜ Freemium 模式

設備：手機 ｜ 桌機

類別：聊天與對話助手

3　工具名稱

Claude

平台介紹和操作方式

Claude 是一款AI 聊天機器人，能執行文本生成、分析和問答等功能。

工具功能和使用情境

① 長文整理
② 文轉文案
③ 延伸思考
④ 平台串接
⑤ MCP設定
⑥ 程式撰寫
⑦ 視覺圖表
⑧ 專案設定
⑨ 風格轉換

平台網址

評價和推薦

- 友善互動：Claude 的回答風格友善，讓使用者感到舒適自在。
- 高效處理：能快速生成和摘要長文，適合各類文字工作需求。
- 程式專家：目前程式書寫與產生的成果令人驚豔。

聊天與對話助手｜Claude
MEMO

AI資訊工具知識圖卡

語系：支援繁體中文 ｜ Freemium 模式

設備：手機 ｜ 桌機　　類別：聊天與對話助手

4　工具名稱

Copilot

平台介紹和操作方式

Copilot 是一個智能助手，可以幫助你更輕鬆地寫程式和文章。

工具功能和使用情境

① 圖片生成 ⊘　　④ 改進寫作 ⊘　　⑦ 深入思考 ⊘
② 文轉文案 ⊘　　⑤ 專業諮詢 ⊘　　⑧ 探索靈感 ⊘
③ 辨圖能力 ⊘　　⑥ 程式撰寫 ⊘　　⑨ 建立故事 ⊘

平台網址　　　　　評價和推薦

- 高效協作：能迅速生成程式碼和文本，顯著提升工作效率，適合多種應用場景。
- 免費試用：提供免費試用，讓使用者可以在沒有成本的情況下體驗 AI 的便利。
- 智能補全：具備智能提示功能，能根據上下文提供相關建議，提升寫作質量。

聊天與對話助手 | Copilot

MEMO

AI資訊工具知識圖卡

語系：支援繁體中文 ｜ Freemium 模式

設備：桌機　　類別：聊天與對話助手

5　工具名稱

ChatEverywhere

平台介紹和操作方式

Chateverywhere.ai 是一個聊天平台，提供使用者進行交流與創作。

工具功能和使用情境

① 文轉圖片 ⊗　④ 作業繳交 ⊗　⑦ 會議紀錄 ⊗
② 模版辭庫 ⊗　⑤ 影片分析 ⊗　⑧ 文件讀取 ⊗
③ 運行程式 ⊗　⑥ 教師專區 ⊗　⑨ 圖表生成 ⊗

平台網址　　**評價和推薦**

- 多語言支持：平台允許用戶選擇對話語言，並且能夠保存常用提示詞，提升使用效率。
- 分享功能：用戶可以輕鬆分享對話紀錄，這對於教學和合作交流非常有幫助。
- 支援教育功能：有教師專區支援作業修改並分類標籤整理。

聊天與對話助手 | ChatEverywhere
MEMO

AI資訊工具知識圖卡

語系：支援繁體中文 | Freemium 模式

設備：手機 | 桌機　　類別：聊天與對話助手

6　工具名稱

Poe

平台介紹和操作方式

Poe整合多種AI機器人，提供用戶無縫的對話體驗和多樣化的應用場景。

工具功能和使用情境

① 文轉圖片 ⊘　④ 個人工具 ⊘　⑦ 教案生成 ⊘

② 跨多平台 ⊘　⑤ 一鍵分享 ⊘　⑧ 文章批閱 ⊘

③ 製作AIBOT ⊘　⑥ 行程製作 ⊘　⑨ 心智圖表 ⊘

平台網址　　　　評價和推薦

- 多樣的 AI 聊天機器人：Poe AI 整合了多種先進的聊天機器人。
- 直觀的用戶界面：平台設計簡潔，易於導航，使用者可以輕鬆找到所需功能並開始對話。
- 免費與付費選擇：Poe 提供免費版本供用戶體驗基本功能。

聊天與對話助手 | Poe

MEMO

AI資訊工具知識圖卡

語系：支援繁體中文 | Freemium 模式

設備：手機 | 桌機

類別：聊天與對話助手

7 工具名稱

Monica AI

平台介紹和操作方式

Monica是一款強大的瀏覽器插件，提升工作效率，提供寫作、翻譯等功能。

工具功能和使用情境

① 摘要生成　④ 翻譯功能　⑦ 圖片生成
② 問答功能　⑤ 網頁摘要　⑧ 網頁助手
③ 影片總結　⑥ 資料整理　⑨ Podcast

平台網址　　**評價和推薦**

- 全方位功能強大：Monica AI 提供聊天、翻譯、寫作等多種實用功能。
- 先進模型支援：搭載 GPT-5、Claude 3.7 和 Gemini 2.5 PRO，確保高效能與準確性。
- 使用介面友好：直觀的操作介面，讓新手也能輕鬆上手，提升工作效率。

聊天與對話助手｜Monica AI
MEMO

AI資訊工具知識圖卡

語系：支援繁體中文 | Freemium 模式

設備：桌機

類別：聊天與對話助手

8　工具名稱

MaxAI

平台介紹和操作方式

MaxAI 是一款強大的瀏覽器插件，提升工作效率，提供寫作、翻譯等功能。

工具功能和使用情境

① 摘要生成 ⓥ　　④ 翻譯功能 ⓥ　　⑦ 圖片生成 ⓥ

② 問答功能 ⓥ　　⑤ 工作報告 ⓥ　　⑧ 網頁助手 ⓥ

③ 影片總結 ⓥ　　⑥ 資料整理 ⓥ　　⑨ 資料分析 ⓥ

平台網址　　　　　評價和推薦

- 提升寫作效率：MaxAI能快速改善文稿，讓你節省大量時間和精力。
- 多語言支持：支持58種語言翻譯，促進跨文化交流，拓展全球市場。
- 隱私保障優先：強調數據安全，確保用戶隱私不被侵犯，使用安心。

聊天與對話助手｜MaxAI
MEMO

AI資訊工具知識圖卡

語系：繁體中文 ｜ Freemium 模式

設備：手機 ｜ 桌機　　類別：聊天與對話助手

9　　工具名稱

AI小幫手

平台介紹和操作方式

AI小幫手是對話式生成內容，可生成各種資料。

工具功能和使用情境

① 語音翻譯 ⌄　　④ 群組互動 ⌄　　⑦ 個人助手 ⌄
② 日程安排 ⌄　　⑤ 對話角色 ⌄　　⑧ 會議錄音 ⌄
③ 生成圖片 ⌄　　⑥ 梗圖製作 ⌄　　⑨ 專業建議 ⌄

平台網址　　　　　評價和推薦

- 功能多樣：提供翻譯、繪圖及影片摘要等多種實用功能，滿足不同需求。
- 免費方案提供的基本功能，已能符合多數人需求。
- 操作簡便：使用者只需簡單指令即可獲得回應，適合各類型用戶。

聊天與對話助手｜AI 小幫手
MEMO

AI資訊工具知識圖卡

語系：簡體中文 ｜ Freemium 模式

設備：手機 ｜ 桌機

類別：聊天與對話助手

10　工具名稱

Deepseek

平台介紹和操作方式

Deepseek是高效能智能助手，用極低成本實現頂尖AI能力。

工具功能和使用情境

① 深度推理　④ 程式輔導　⑦ 教育輔助
② 自然對話　⑤ 行程規劃　⑧ 創意激發
③ 直覺互動　⑥ 活動策劃　⑨ 開源共享

平台網址　　　　評價和推薦

- DeepSeek 被譽為 ChatGPT 的最佳免費替代品，深受用戶喜愛。
- 它以低成本策略普及 AI 技術，讓更多人能接觸人工智慧。
- 回應速度快且內容貼近生活，適合日常使用與專業需求。

聊天與對話助手 | Deepseek

MEMO

AI資訊工具知識圖卡

語系：支援繁體中文 ｜ Freemium 模式

設備：桌機　　類別：聊天與對話助手

11　工具名稱

Ithy

平台介紹和操作方式

Ithy平台綜合多家人工智慧模型，結合獨立的見解。

工具功能和使用情境

① 專業搜尋 ⊗　　④ 視覺簡潔 ⊗　　⑦ 深入研究 ⊗
② 語言支持 ⊗　　⑤ 學生學習 ⊗　　⑧ 日常資訊 ⊗
③ 內容摘要 ⊗　　⑥ 課程設計 ⊗　　⑨ 專業諮詢 ⊗

平台網址　　　　評價和推薦

- 整合多種AI模型，提供豐富且多元的回答，適合需要快速獲取資訊的用戶。
- 介面直觀，無需註冊即可試用，對新手與專業人士都非常友好。
- 自動彙整搜尋結果，生成完整報告，適合教育、研究與專業應用場景。

聊天與對話助手｜lthy

MEMO

AI資訊工具知識圖卡

語系：支援繁體中文 ｜ Free 模式

設備：手機 ｜ 桌機

類別：聊天與對話助手

12　工具名稱

Toki AI

平台介紹和操作方式

Toki 是Ai日曆助手，輕鬆透過聊天軟體安排日程規劃。

工具功能和使用情境

① 日程安排 ⌵　④ 日曆同步 ⌵　⑦ 活動規劃 ⌵
② 圖片排程 ⌵　⑤ 多模輸入 ⌵　⑧ 快速編輯 ⌵
③ 語音排程 ⌵　⑥ 即時更新 ⌵　⑨ 行程提醒 ⌵

平台網址　　**評價和推薦**

- 支援多模態輸入，整合語音、文字、圖片，快速轉換行程，提升日程管理效率。
- 無需下載，直接透過LINE、WhatsApp等通訊軟體操作，簡化使用流程，方便快捷。
- 自然語言處理技術強大，能快速理解複雜指令，適合專業人士與學生使用。

聊天與對話助手｜Toki AI
MEMO

AI資訊工作知識圖卡

語系：支援繁體中文 ｜ Freemium 模式

設備：桌機　　類別：聊天與對話助手

13　工具名稱

Kimi

平台介紹和操作方式

Kimi平台特點為超強文本處理，快速解答問題的智慧助手。

工具功能和使用情境

① 長文處理　　④ 爆文寫作　　⑦ 多輪思考
② 簡報大綱　　⑤ 自然對話　　⑧ 古典詩詞
③ 提示詞製作　⑥ 深入研究　　⑨ 程度編寫

平台網址　　評價和推薦

- 具備長文本處理與智能搜索功能，適合教育者快速整理資料、解讀文獻，提升教學效率。
- 中文處理能力優秀，能快速生成摘要與分析
- 適合教師用於課程設計、資料整理與學生輔助學習，特別是文獻解讀與創意教案撰寫。

聊天與對話助手｜Kimi
MEMO

AI資訊工具知識圖卡

語系：英文 ｜ Freemium 模式

設備：手機 ｜ 桌機　　類別：聊天與對話助手

| 14 | 工具名稱 |

Grok

平台介紹和操作方式

Grok 是由 xAI 開發的對話式 AI，能即時存取 X 平台資訊並回答多元問題。

工具功能和使用情境

① 長文處理　④ 爆文寫作　⑦ 角色設定
② 簡報大網　⑤ 自然對話　⑧ 趨勢追蹤
③ 即時資訊　⑥ 任務設定　⑨ 程度編寫

平台網址　　評價和推薦

- 提升學習效率：Grok AI 深度搜尋功能，快速整合資料，適合課堂教學與研究輔助。
- 強大推理能力：Think 模式適合數學與科學推理，支援複雜問題解決。
- 操作簡單直觀：介面友好，無需技術背景即可快速上手，適合廣泛用戶。

聊天與對話助手｜Grok
MEMO

AI資訊工具知識圖卡

語系：繁體中文 ｜ Freemium 模式

設備：手機

類別：圖像創作與編輯

15 工具名稱

Moonshot

平台介紹和操作方式

Moonshot是一個生成式AI工具，能夠透過文字指令創建各種風格的圖像。

工具功能和使用情境

① 生成圖片　④ 修改風格　⑦ 省時省力
② 支援中文　⑤ 製作賀卡　⑧ 風格多變
③ 快速生成　⑥ 聊天互動　⑨ 適合初學

平台網址

評價和推薦

- 操作簡單易懂，適合新手使用，無需專業技術背景。
- 多樣化的風格選擇，滿足不同用戶的創作需求和想法。
- 即時生成圖像，提升創意工作效率，讓靈感迅速實現。

圖像創作與編輯 | Moonshot

MEMO

AI資訊工具知識圖卡

語系：支援繁體中文 | Freemium 模式

設備：桌機

類別：圖像創作與編輯

16 工具名稱

Adobe Firefly

平台介紹和操作方式

Adobe Firefly 是一款強大的 AI 生成圖片和影片工具，能迅速提升創作效率。

工具功能和使用情境

① 生成圖片
② 自動填色
③ 文字效果
④ 快速創作
⑤ 簡易操作
⑥ 風格自訂
⑦ 社群應用
⑧ 素材生成
⑨ 影片生成

平台網址

評價和推薦

- Adobe Firefly 提供強大的 AI 生成工具，提升創作效率和靈活性。
- 簡單易用的界面，適合各種技能水平的用戶進行創作。
- 支持多種媒體格式，滿足不同領域創作者的需求和想法。

圖像創作與編輯 | Adobe Firefly
MEMO

AI資訊工具知識圖卡

語系：支援繁體中文 ｜ Freemium 模式

設備：桌機

類別：圖像創作與編輯

17 工具名稱

Microsoft Bing

平台介紹和操作方式

Bing的圖像創建器，可以根據文字生成圖片和影片。

工具功能和使用情境

① 圖片生成 ④ 圖片修改 ⑦ 操作簡單
② 風格轉換 ⑤ 背景更換 ⑧ 適合個人
③ 影片生成 ⑥ 提供靈感 ⑨ 藝術取材

平台網址

評價和推薦

- AI生成圖片，創意無限，適合各類需求與主題。
- 操作簡單直觀，讓使用者輕鬆創作獨特作品。
- 支持多種語言，方便全球用戶隨時使用。

圖像創作與編輯 | Microsoft Bing
MEMO

AI資訊工具知識圖卡

語系：英文 ｜ Paid 模式

設備：桌機　　類別：圖像創作與編輯

18　工具名稱

Midjourney

平台介紹和操作方式

Midjourney是一個強大的AI圖像生成工具，能根據文字描述創造藝術作品。

工具功能和使用情境

① 圖片生成　④ 圖片修改　⑦ 操作簡單
② 故事角色　⑤ 人物一致　⑧ 適合個人
③ 頭貼製作　⑥ 提供靈感　⑨ 藝術取材

平台網址　　評價和推薦

- 生成藝術作品：Midjourney能快速創造獨特的藝術作品，激發創意靈感。
- 操作簡單直觀：使用者只需輸入文字，便可輕鬆生成所需圖像。
- 風格多樣選擇：提供多種風格和調整選項，滿足不同需求與喜好。

圖像創作與編輯 | Midjourney
MEMO

AI資訊工具知識圖卡

語系：英文 ｜ Freemium 模式

設備：桌機　　類別：圖像創作與編輯

19　工具名稱

Ideogram

平台介紹和操作方式

Ideogram.ai 是一個用於生成和編輯圖像的人工智慧工具。

工具功能和使用情境

① 圖片生成　　④ 圖片修改　　⑦ 操作簡單
② 風格轉換　　⑤ 背景更換　　⑧ AI Prompt
③ 作品分享　　⑥ 海報創作　　⑨ 角色再製

平台網址　　　　評價和推薦

- 精準文字生成：能夠清晰呈現文本，適合設計各類視覺素材。
- 多樣風格選擇：提供多種藝術風格，滿足不同創作需求與靈感。
- 操作簡易方便：用戶友好的介面，讓新手也能快速上手使用。

圖像創作與編輯 | Ideogram
MEMO

AI資訊工具知識圖卡

語系：支援繁體中文 ｜ Freemium 模式

設備：桌機

類別：圖像創作與編輯

20 工具名稱

Raphael AI

平台介紹和操作方式

Raphael AI 號稱是全世界首個免費無限制生圖平台。

工具功能和使用情境

① 無限生圖　④ 快速生圖　⑦ 尋找靈感
② 無需帳號　⑤ 圖像編輯　⑧ 高度隱私
③ 生圖即刪　⑥ 風格多元　⑨ 隨時可用

平台網址　　　評價和推薦

- 打開網頁直接使用，無需信用卡或帳號，無限次生成圖片，適合初次嘗試AI繪圖用戶。
- 能生成寫實照片、動漫角色、藝術油畫等風格，手指細節等常見AI瑕疵處理優異。
- 下載圖片完全免費且無版權限制，可直接用於社群貼文、商品設計等商業用途。

圖像創作與編輯 | Raphael AI

MEMO

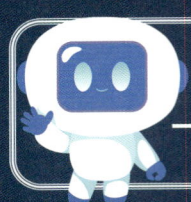

AI資訊工具知識圖卡

語系：英文 ｜ Free 模式

設備：桌機

類別：圖像創作與編輯

21　工具名稱

Unreal Images

平台介紹和操作方式

Unreal Images 是個提供免費 AI 生成圖片的平台，匯集全球創作者的作品。

工具功能和使用情境

① 圖片收集　④ 圖片搜尋　⑦ 預覽效果
② 簡單操作　⑤ 素材製作　⑧ 視覺呈現
③ 多種格式　⑥ 分類整理　⑨ 靈活調整

平台網址　　評價和推薦

- 強大圖像生成：利用AI技術，快速生成高品質藝術作品，創意無限。
- 簡單易上手：操作介面友好，無需專業知識即可輕鬆使用，適合各類用戶。
- 多樣化應用場景：適合教育及個人創作，提升視覺吸引力及表達效果。

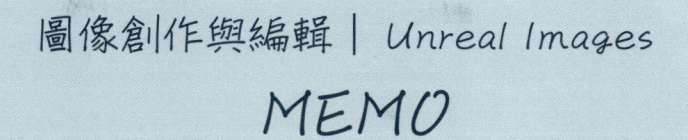

圖像創作與編輯 | Unreal Images
MEMO

AI資訊工具知識圖卡

語系：英文 ｜ Freemium 模式

設備：桌機　　類別：圖像創作與編輯

22 工具名稱

Piclumen

平台介紹和操作方式

Piclumen 是一個線上服務，利用人工智慧生成各種風格的圖像的平台。

工具功能和使用情境

① 生成圖像　　④ 免費下載　　⑦ 即時生成
② 風格多變　　⑤ 作品探索　　⑧ 社群分享
③ 局部修改　　⑥ 放大解析　　⑨ 格式轉換

平台網址　　評價和推薦

- 操作簡單方便，適合初學者快速上手，無需專業知識。
- 多樣風格選擇，能夠生成寫實、動漫等多種風格圖像。
- 提供免費下載功能，訂購後創作圖片可自由使用於商業用途。

圖像創作與編輯 | Piclumen
MEMO

AI資訊工具知識圖卡

語系：英文 | Freemium 模式

設備：桌機　　類別：圖像創作與編輯

23　工具名稱

Genmo

平台介紹和操作方式

Genmo是一個人工智慧平台，專注於生成內容和創作。

工具功能和使用情境

① 文字生成　④ 社交分享　⑦ 付費商用
② 動畫生成　⑤ 影片編輯　⑧ 角色改變
③ 開源版本　⑥ 語音合成　⑨ 自行定議

平台網址　　評價和推薦

- 簡化內容創作：Genmo利用AI技術，讓創作過程變得輕鬆高效，適合各種使用者。
- 多元媒體生成：不僅能生成影片，還支持3D模型和藝術創作，擴展創意邊界。
- 友善使用介面：直觀的操作介面，無論新手或專業人士都能快速上手，提升創作樂趣。

圖像創作與編輯 | Genmo
MEMO

AI資訊工具知識圖卡

語系：簡體中文 ｜ Freemium 模式

設備：桌機

類別：圖像創作與編輯

24 工具名稱

A1.art

平台介紹和操作方式

A1.art提供圖片和短影片的生成服務。

工具功能和使用情境

① 圖片生成　④ 自製模版　⑦ 定期更新
② 風格轉換　⑤ 多種模版　⑧ 多種篩選
③ 作品分享　⑥ 影片生成　⑨ 藝術取材

平台網址

評價和推薦

- 提供多樣化的藝術作品，讓用戶輕鬆探索和欣賞不同風格的創作。
- 用戶可建立個人模版，吸引其他用戶使用自己設計的藝術風格。
- 鼓勵用戶分享作品，促進藝術交流。

圖像創作與編輯 | AI.art
MEMO

AI資訊工具知識圖卡

語系：支援繁體中文 ｜ Freemium 模式

設備：手機 ｜ 桌機

類別：圖像創作與編輯

25 工具名稱

Designer

平台介紹和操作方式

Microsoft Designer 是微軟推出的 AI 設計工具，幫助用戶快速生成設計。

工具功能和使用情境

① 容易上手
② 快速設計
③ 海報製作
④ 圖片素材
⑤ 創意發想
⑥ 圖片生成
⑦ 多種風格
⑧ 圖卡設計
⑨ 社交貼文

平台網址

評價和推薦

- AI輔助設計，簡化創作過程，無需專業技能即可使用。
- 多樣化模板，快速生成個性化設計，適合各類需求。
- 支援中文提示，讓使用者更方便輸入，提升設計效率。

圖像創作與編輯 | Designer

MEMO

AI資訊工具知識圖卡

語系：英文｜Free 模式

設備：桌機　　類別：圖像創作與編輯

26 工具名稱

AutoDraw

平台介紹和操作方式

AutoDraw是一個利用人工智慧自動繪圖的工具，讓使用者快速創作。

工具功能和使用情境

① 容易上手　④ 圖片素材　⑦ 無需專業
② 快速設計　⑤ 創意發想　⑧ 圖卡設計
③ 智能圖形　⑥ 即時修改　⑨ 視覺表達

平台網址　　評價和推薦

- 快速繪製插圖：AutoDraw能迅速將草圖轉換為精美插圖，提升創作效率。
- 適合所有人：不論繪畫技巧，人人皆可使用，讓創意無限發揮。
- 多樣化應用場景：可用於教學、簡報或個人創作，應用範圍廣泛。

圖像創作與編輯 | AutoDraw
MEMO

AI資訊工具知識圖卡

語系：支援繁體中文 | Freemium 模式

設備：桌機　　類別：圖像創作與編輯

27　工具名稱

Civital

平台介紹和操作方式

Civital 提供圖片和影片的生成服務。

工具功能和使用情境

- ① 圖片生成
- ② 風格轉換
- ③ 作品分享
- ④ 影片生成
- ⑤ 素材製作
- ⑥ 素材參考
- ⑦ 活動競賽
- ⑧ 視頻參考
- ⑨ 藝術取材

平台網址

評價和推薦

- Civitai Green 提供多樣化的 AI 工具，讓用戶自由創作與分享。
- 平台設計注重安全性，確保用戶在友好的社群中互動。
- 適合商業活動的功能，幫助創作者拓展市場與收益。

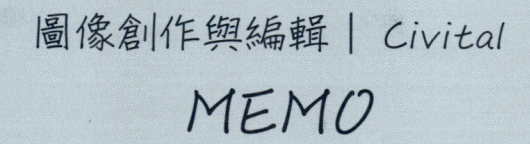

圖像創作與編輯 | Civital

MEMO

AI資訊工具知識圖卡

語系：英文｜Freemium 模式

設備：桌機

類別：圖像創作與編輯

28 工具名稱

Leonardo

平台介紹和操作方式

Leonardo提供圖片和影片的生成服務。

工具功能和使用情境

① 圖片生成 ⊗
④ 影片生成 ⊗
⑦ 活動競賽 ⊗
② 風格轉換 ⊗
⑤ 素材製作 ⊗
⑧ 視頻參考 ⊗
③ 作品分享 ⊗
⑥ 素材參考 ⊗
⑨ 藝術取材 ⊗

平台網址

評價和推薦

- 多功能創作平台：支援角色設計、概念藝術和遊戲資產，滿足各類創作需求。
- 簡易操作與控制：直觀的圖像生成與編輯工具，適合初學者及專業人士使用。
- 強大3D紋理生成：輕鬆為3D資產生成紋理，提升設計過程的效率與質量。

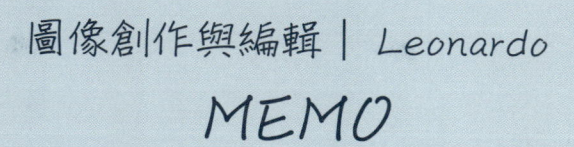

圖像創作與編輯 | Leonardo
MEMO

AI資訊工具知識圖卡

語系：英文 ｜ Paid 模式

設備：桌機　　類別：圖像創作與編輯

29　工具名稱

Moonvalley

平台介紹和操作方式

Moonvalley 是一款將簡單文字提示轉換為高畫質影片的創新 AI 工具。

工具功能和使用情境

① 圖片生成　④ 適合教學　⑦ 預覽效果
② 簡單操作　⑤ 素材製作　⑧ 視覺呈現
③ 多種格式　⑥ 內容強化　⑨ 靈活調整

平台網址　　**評價和推薦**

- 簡單易用工具：Moonvalley 提供簡單的介面，讓使用者輕鬆生成影片。
- 生成效果不錯：雖然仍在發展中，但生成的影片效果已達水準。
- 多模式輸入，轉化令人驚嘆影片。

圖像創作與編輯 | Moonvalley

MEMO

AI資訊工具知識圖卡

語系：英文 ｜ Freemium 模式

設備：桌機　　類別：圖像創作與編輯

30　工具名稱

PiKa

平台介紹和操作方式

Pika 是一款 AI 驅動的視頻創作平台，能將文字或圖片轉換為高品質影片。

工具功能和使用情境

① 文轉影片　④ 延長時間　⑦ 下載方便
② 圖轉影片　⑤ 多種風格　⑧ 預覽成效
③ 趣味特效　⑥ 簡易操作　⑨ 不斷更新

平台網址　　評價和推薦

- 簡單易用的功能：只需輸入文字或上傳圖片，便能快速生成影片，適合所有創作者。
- 靈活多樣的影片風格：支持多種影片風格，包括動畫和卡通，滿足不同需求的創作。
- 利用AI替換影片元素，簡單方便。

圖像創作與編輯｜PiKa
MEMO

AI資訊工具知識圖卡

語系：簡體中文 ｜ Paid 模式

設備：手機 ｜ 桌機

類別：圖像創作與編輯

31 ｜ 工具名稱

Hailuo AI

平台介紹和操作方式

Hailuo AI平台是一款強大生產力工具，專注於提升工作效率。

工具功能和使用情境

① 文字生成
② 圖片生成
③ 影片生成
④ 拍照識圖
⑤ 多種風格
⑥ 簡易操作
⑦ 下載方便
⑧ 音樂創作
⑨ 識圖功能

平台網址

評價和推薦

- 使用簡單方便，適合各類使用者，快速上手無需學習曲線。
- 多樣化功能，涵蓋搜尋、生成和智能助手，滿足不同需求。
- 語音交互流暢，自然對話體驗，增強使用者互動感。

圖像創作與編輯 | Hailuo AI
MEMO

AI資訊工具知識圖卡

語系：英文 | Paid 模式

設備：桌機　　類別：圖像創作與編輯

32 工具名稱

WOXO AI

平台介紹和操作方式

WOXO AI 是一款創新的視頻生成工具，專為社交媒體內容設計。

工具功能和使用情境

- ① 簡化流程
- ② 提供模板
- ③ 影片生成
- ④ 快速創作
- ⑤ 生成字幕
- ⑥ 即時影片
- ⑦ 付費下載
- ⑧ 支援社群
- ⑨ 勵志影片

平台網址　　評價和推薦

- 輕鬆生成影片：只需輸入提示，即可快速製作吸引人的短影片。
- 多平台支援：適用於各大社交媒體，方便分享與推廣內容。
- 適合所有族群：無論年齡層，人人皆可輕鬆使用，創造精彩影片。

圖像創作與編輯｜WOXO AI
MEMO

AI資訊工具知識圖卡

語系：英文 ｜ Paid 模式

設備：手機 ｜ 桌機　　類別：圖像創作與編輯

33　工具名稱

Invideo AI

平台介紹和操作方式

InVideo 是一個線上影片編輯平台，利用 AI 技術快速生成專業影片。

工具功能和使用情境

① 圖轉影片　　④ 快速創作　　⑦ 動畫視頻

② 生成腳本　　⑤ 製作短片　　⑧ 社群分享

③ 影片生成　　⑥ 個人主播　　⑨ 廣告行銷

平台網址　　評價和推薦

- 快速生成影片，節省時間與精力，提升內容創作效率。
- 多樣化模板選擇，適合各種需求，輕鬆製作專業影片。
- 友善操作介面，適合新手使用，無需專業剪輯技巧。

圖像創作與編輯 | Invideo AI
MEMO

AI資訊工具知識圖卡

語系：英文 ｜ Paid 模式

設備：桌機

類別：圖像創作與編輯

34 工具名稱

Dream Machine

平台介紹和操作方式

Luma Dream Machine 是一個免費的 AI 影片生成平台，能創造逼真的短片。

工具功能和使用情境

① 文轉影片　　④ 電影運鏡　　⑦ 下載方便
② 圖轉影片　　⑤ 多種風格　　⑧ 中文指令
③ 兩圖影片　　⑥ 簡易操作　　⑨ 即時預覽

平台網址　　評價和推薦

- 簡單易上手，適合新手使用，快速生成高品質影片。
- 支持多種風格，靜態照片轉動態，增添創意表現。
- 需付費為訂閱者，方能生成影片。

圖像創作與編輯 | Dream Machine
MEMO

AI資訊工具知識圖卡

語系：英文 | Freemium 模式

設備：桌機

類別：圖像創作與編輯

35 工具名稱

Runway

平台介紹和操作方式

Runway 是款強大的 AI 創作工具，能快速生成影片和圖片，提升創意表達。

工具功能和使用情境

① 文轉圖片
② 文轉影片
③ 文字修改
④ 刪除背景
⑤ 多種風格
⑥ 簡報素材
⑦ 下載方便
⑧ 預覽成效
⑨ 數位主播

平台網址

評價和推薦

- 強大生成工具：提供多種功能，讓創作者輕鬆生成影片和圖片，提升創意表達。
- 簡單易用介面：使用者友好的設計，無需專業技能也能快速上手，適合各類使用者。
- 適合多種情境：無論是簡報或社群媒體內容，都能提供高品質的視覺效果。

圖像創作與編輯 | Runway

MEMO

AI資訊工具知識圖卡

語系：英文 ｜ Freemium 模式

設備：桌機　　類別：圖像創作與編輯

36　工具名稱

Krea

平台介紹和操作方式

Krea 是一款強大的 AI 工具，能實時生成高品質圖片和影片，提升創作效率。

工具功能和使用情境

① 文字生成　④ Logo設計　⑦ 圖片修復
② 圖片生成　⑤ 多種風格　⑧ 預覽成效
③ 影片生成　⑥ 簡報素材　⑨ 動畫製作

平台網址　　評價和推薦

- 即時生成高品質圖像：用戶可透過文字或手繪即時創建精美圖像，提升創作靈活性。
- 友善介面適合所有人：設計簡單易用，無需專業技能，讓一般用戶也能輕鬆上手。
- 多功能應用於各領域：支援圖像、影片及標誌設計，適合平面設計、行銷等多種需求。

圖像創作與編輯 | Krea

MEMO

AI資訊工具知識圖卡

語系：英文 | Freemium 模式

設備：手機 | 桌機　　類別：圖像創作與編輯

37 工具名稱

Klingai

平台介紹和操作方式

Klingai是一款AI視頻生成工具，能根據文本提示創建高質量視頻。

工具功能和使用情境

① 生成短片　　④ 高解析度　　⑦ 效果多元

② 內容輸入　　⑤ 界面友好　　⑧ 教育用途

③ 多種模式　　⑥ 多角生成　　⑨ 電影視覺

平台網址　　　　　評價和推薦

- 生成視頻快速，只需簡單文本即可創建高質量短片，效率極高。
- 多種語言支持，適合全球用戶使用，滿足不同語言需求，非常方便。
- 靈活創意調整，用戶可自定義生成內容，提升視頻的創意性和相關性。

圖像創作與編輯 | Klingai

MEMO

AI資訊工具知識圖卡

語系：英文 ｜ Freemium 模式

設備：桌機　　類別：圖像創作與編輯

38　工具名稱

Hedra

平台介紹和操作方式

Hedra AI 的主要功能是將圖片與聲音結合，創造豐富的視聽體驗。

工具功能和使用情境

① 動態圖片　　④ 風格角色　　⑦ 影音配合
② 聲音結合　　⑤ 導入聲音　　⑧ 角色演說
③ 錄音支援　　⑥ 隨機角色　　⑨ API支援

平台網址　　評價和推薦

- 用戶可以創建具有生成音頻和視覺效果的角色，這使得故事講述更加生動和個性化。
- 提供 AI 驅動的特效，讓用戶能夠變換視頻的風格，增強視覺吸引力。
- 擁有簡單的時間軸編輯和故事講述工具，適合所有創作者使用。

圖像創作與編輯 | Hedra

MEMO

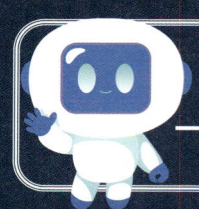

AI資訊工具知識圖卡

語系：支援繁體中文 ｜ Freemium 模式

設備：桌機　　類別：圖像創作與編輯

39 工具名稱

Mootion

平台介紹和操作方式

動畫製作平台，支援多國語言生成圖像式影片。

工具功能和使用情境

① 雙語故事　④ 3D動畫　⑦ 高效製作
② 短片製作　⑤ 多種場景　⑧ 語音合成
③ 語言學習　⑥ 教育應用　⑨ 風格轉換

平台網址　　評價和推薦

- AI工具簡化教學流程，提升課堂互動性，適合教師創新教學使用。
- 支援多語言與多媒體輸出，適合製作多元化教學素材，增強學生學習興趣。
- 操作簡單直觀，無需專業技能，教師可快速上手，節省備課時間。

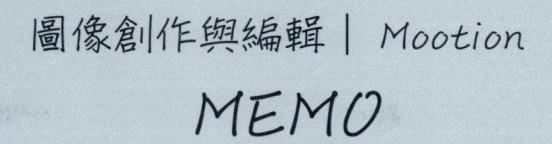

圖像創作與編輯 | Mootion
MEMO

AI資訊工具知識圖卡

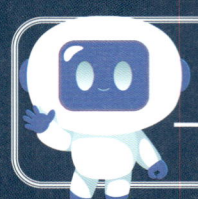

語系：英文｜Freemium 模式

設備：手機｜桌機　　類別：圖像創作與編輯

40　工具名稱

Dzine

平台介紹和操作方式

專為圖像生成與編輯而設計，旨在簡化設計流程並提升創意效率。

工具功能和使用情境

① 文字生圖 ⊗　④ 海報素材 ⊗　⑦ AI編輯 ⊗
② 背景去除 ⊗　⑤ 圖生圖片 ⊗　⑧ 角色3D ⊗
③ 風格轉換 ⊗　⑥ 圖生視頻 ⊗　⑨ 製作品牌 ⊗

平台網址　　　　　評價和推薦

- 功能豐富：提供多樣化的AI設計工具，適合初學者與專業設計師使用。
- 操作簡單：介面直觀，無需專業技能即可快速上手。
- 高效創作：生成速度快，支援高解析度輸出，提升設計效率。

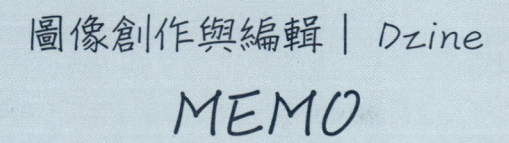

圖像創作與編輯 | Dzine

MEMO

AI資訊工具知識圖卡

語系：英文 | Paid 模式

設備：桌機

類別：圖像創作與編輯

41 工具名稱

Craiyon

平台介紹和操作方式

Craiyon AI 能根據文字描述創造多樣化的圖像。

工具功能和使用情境

① 類別多元
② 快速創建
③ 多樣風格
④ 簡單操作
⑤ 文字生成
⑥ 生成反饋
⑦ 技術更新
⑧ 主題風格
⑨ 自訂詞彙

平台網址

評價和推薦

- Craiyon 提供簡單的操作介面，讓使用者輕鬆生成各種風格的圖片。
- 圖像生成速度快，持續更新提升品質，讓創意無限延伸。

圖像創作與編輯｜Craiyon
MEMO

AI資訊工具知識圖卡

語系：支援繁體中文 ｜ Freemium 模式

設備：手機 ｜ 桌機

類別：文字與寫作

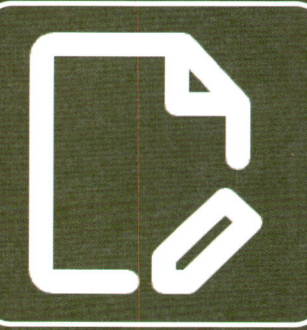

42 工具名稱

Notion

平台介紹和操作方式

Notion是一款用文書軟體包裝的資料庫平台。

工具功能和使用情境

- ① 知識管理
- ② 離線功能
- ③ Notion AI
- ④ 第二大腦
- ⑤ 建立系統
- ⑥ 會議記錄
- ⑦ 個人網站
- ⑧ 資料庫串聯
- ⑨ 多人共作

平台網址

評價和推薦

- 個人筆記管理：可以使用 Notion 記錄日常想法、會議記錄和讀書筆記，方便隨時查找和回顧。
- 知識庫建設：使用 Notion 創建個人的知識庫，整理學習資源、書籍摘錄和參考資料，方便日後查閱。

文字與寫作 | Notion

MEMO

AI資訊工具知識圖卡

語系：支援繁體中文｜Paid 模式

設備：手機｜桌機　　類別：文字與寫作

43 工具名稱

Hetpabase

平台介紹和操作方式

Heptabase 是一款視覺化知識管理工具，幫助用戶組織和探索想法與研究。

工具功能和使用情境

① 閃靈筆記　④ 反向連結　⑦ 自由組合
② 卡片匯整　⑤ 建立日誌　⑧ 無限畫布
③ 視覺關聯　⑥ AI匯整　⑨ 整理知識

平台網址　　**評價和推薦**

- 操作簡單流暢，視覺化組織：提供直觀的白板功能，讓用戶輕鬆組織和管理知識。
- 卡片盒筆記法，促進關聯思考：透過卡片式筆記，快速建立知識間的關聯，提升效率。
- 適合多種用途，增強創作能力：無論是學習、創作或專案管理，Heptabase 都能有效支持用戶的需求

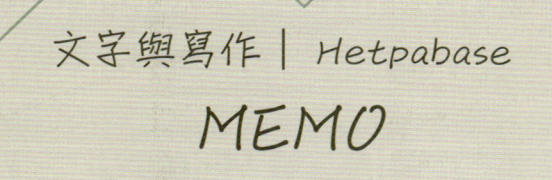

文字與寫作｜Hetpabase

MEMO

AI資訊工具知識圖卡

語系：支援繁體中文 ｜ Freemium 模式

設備：手機 ｜ 桌機　　類別：文字與寫作

44　工具名稱

NotebookLM

平台介紹和操作方式

NotebookLM 是一款簡單易用的 AI 筆記工具。

工具功能和使用情境

① 摘要生成　④ 第二大腦　⑦ 多種資料
② 自動提問　⑤ Podcast生成　⑧ 心智圖表
③ 筆記管理　⑥ 文獻管理　⑨ 影片生成

平台網址　　評價和推薦

- 簡單易用工具：NotebookLM 操作介面友善，讓使用者輕鬆上手使用。
- 自動生成摘要：能快速整理文件重點，提升學習與研究效率。
- 支援多種格式：兼容多種檔案類型，方便用戶上傳與管理資料。

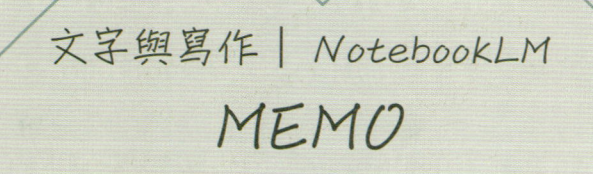

文字與寫作｜NotebookLM

MEMO

AI資訊工具知識圖卡

語系：支援繁體中文｜Freemium 模式

設備：手機｜桌機　　類別：文字與寫作

45　工具名稱

Obsidian

平台介紹和操作方式

Obsidian是一款強大的雙向連結筆記軟體，支援Markdown語法。

工具功能和使用情境

① 雙向連結　④ 圖形視覺　⑦ Notion串接
② 檔案管理　⑤ 外掛擴展　⑧ 反向連結
③ 每日筆記　⑥ 多種樣態　⑨ Claude支援

平台網址　　**評價和推薦**

- 強大的連結功能，助你快速建立知識網絡。
- 支援Markdown語法，讓筆記排版更靈活方便。
- 離線編輯，保障資料安全且隨時可用。

文字與寫作｜Obsidian
MEMO

AI資訊工具知識圖卡

語系：繁體中文 ｜ Freemium 模式

設備：手機 ｜ 桌機　　類別：文字與寫作

46　工具名稱

Google文件

平台介紹和操作方式

Google文件是線上文書處理平台，Gemini支援。

工具功能和使用情境

① 線上文書
② 一鍵分享
③ 多人協作
④ Gemini支援
⑤ 擴充功能
⑥ 版本回溯
⑦ 匯出多元
⑧ 語音輸入
⑨ 構成要素

平台網址　　評價和推薦

- 雲端協作：輕鬆共編文件，溝通效率高。
- 跨裝置用：隨時隨地編輯，行動辦公利器。
- 整合AI： Gemini輔助寫作，提升產出效率。

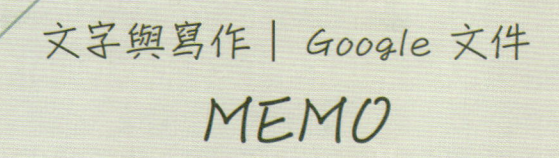

文字與寫作｜Google 文件
MEMO

AI資訊工具知識圖卡

語系：支援繁體中文 | Freemium 模式

設備：手機 | 桌機　　類別：影片創作與編輯

47　工具名稱

Canva

平台介紹和操作方式

Canva提供圖片和影片的生成服務。利用ＡＩ功能生成多種互動式服務。

工具功能和使用情境

① 簡報設計　　④ 設計商標　　⑦ 課程教材
② 製作履歷　　⑤ 設計名片　　⑧ Canva AI
③ 創建海報　　⑥ 設計影片　　⑨ 編輯影片

平台網址　　評價和推薦

- Canva 簡單易用，適合各種設計需求，值得推薦！
- 功能多樣，讓創作變得輕鬆有趣，十分實用！
- 圖片和影片生成效果佳，提升工作效率的好工具！

影片創作與編輯 | Canva
MEMO

AI資訊工具知識圖卡

語系：支援繁體中文 ｜ Freemium 模式

設備：手機 ｜ 桌機　　類別：影片創作與編輯

48　工具名稱

Capcut

平台介紹和操作方式

CapCut 提供多種免費的影片編輯功能。

工具功能和使用情境

① 智慧剪輯　　④ 子母畫面　　⑦ 畫面翻轉
② 特效濾鏡　　⑤ 影片合併　　⑧ 影片裁剪
③ 轉場效果　　⑥ 自動字幕　　⑨ 快速分享

平台網址　　　　**評價和推薦**

- 智能剪輯：自動識別精彩片段，快速製作吸引人短視頻。
- 特效濾鏡庫：豐富視覺元素，自定義調整，增添影片吸引力。
- 音樂音效編輯：內建音樂庫，剪輯調整聲音，實現專業音畫同步。

影片創作與編輯 | Capcut
MEMO

AI資訊工具知識圖卡

語系：繁體中文 ｜ Freemium 模式

設備：手機 ｜ 桌機　　類別：影片創作與編輯

49　工具名稱

Filmora

平台介紹和操作方式

Filmora是一款簡單易用的影片剪輯軟體，適合新手及專業人士。

工具功能和使用情境

① 簡單易用　　④ 螢幕錄影　　⑦ 轉場特效
② 多樣特效　　⑤ 素材豐富　　⑧ 社群分享
③ 快速剪輯　　⑥ AI輔助　　　⑨ 適合新手

平台網址　　　　評價和推薦

- 操作簡單直觀，適合新手快速上手，無需繁瑣學習過程。
- 內建豐富特效，讓影片剪輯更具創意，提升作品質感。
- 價格親民實惠，功能全面，適合各類型影片創作者使用。

影片創作與編輯 | Filmora
MEMO

AI資訊工具知識圖卡

語系：支援繁體中文 ｜ Freemium 模式

設備：桌機

類別：影片創作與編輯

50 工具名稱

Clipchamp

平台介紹和操作方式

Clipchamp 是一款簡易的線上影片編輯工具，適合初學者使用。

工具功能和使用情境

① 容易拖放　④ 轉場效果　⑦ 音轉文字
② 影片剪接　⑤ 螢幕錄製　⑧ 範本選擇
③ 音訊編輯　⑥ 影片裁剪　⑨ AI 輔助

平台網址

評價和推薦

- 簡單易上手，適合新手使用，快速掌握影片編輯技巧。
- 多樣化模板提供，快速製作社交媒體影片，提升創作效率。
- 支援高畫質輸出，讓影片呈現更專業，適合各類型需求。

影片創作與編輯 | Clipchamp

MEMO

AI資訊工具知識圖卡

語系：簡體中文 ｜ Freemium 模式

設備：手機 ｜ 桌機

類別：影片創作與編輯

51 工具名稱

剪映

平台介紹和操作方式

剪映是一款簡單易用的影片剪輯軟體，具備強大的AI功能。

工具功能和使用情境

① 簡單易用
② 多樣特效
③ 快速剪輯
④ AI數字人
⑤ 素材豐富
⑥ AI輔助
⑦ 轉場特效
⑧ 社群分享
⑨ 適合新手

平台網址

評價和推薦

- 簡易上手，適合新手使用，快速掌握影片剪輯技巧。
- 多樣化功能，提供AI配音及字幕生成，提升創作效率。
- 社群分享便捷，影片完成後可快速發布至各大平台。

影片創作與編輯｜剪映
MEMO

AI資訊工具知識圖卡

語系：英文 ｜ Freemium 模式

設備：桌機　　類別：影片創作與編輯

52　工具名稱

Viggle

平台介紹和操作方式

Viggle 是一個視頻生成平台，允許用戶上傳圖片替換視頻角色。

工具功能和使用情境

① 容易上手　④ 創作自由　⑦ 多樣場景
② 角色替換　⑤ 易於上手　⑧ 故事創作
③ 圖片上傳　⑥ 創意發揮　⑨ 定期更新

平台網址

評價和推薦

- Viggle 提供直觀的界面，讓創作過程變得簡單且有趣，適合所有用戶。
- 透過角色替換功能，使用者能夠創造獨特且個性化的故事內容。
- 社區支持活躍，鼓勵創作者分享作品，增進互動與靈感交流。

影片創作與編輯｜Viggle
MEMO

AI資訊工具知識圖卡

語系：支援繁體中文 ｜ Freemium 模式

設備：桌機　　類別：影片創作與編輯

53　工具名稱

Vrew

平台介紹和操作方式

Vrew 是一款以語音為核心的影片剪輯軟體，專注於教學影片製作。

工具功能和使用情境

- ① 語音辨識 ✓
- ② 影片編輯 ✓
- ③ 字幕生成 ✓
- ④ 操作便利 ✓
- ⑤ 一鍵匯入 ✓
- ⑥ 即時預覽 ✓
- ⑦ 圖成影片 ✓
- ⑧ 文件成片 ✓
- ⑨ 影片比例 ✓

平台網址　　**評價和推薦**

- 自動生成字幕，提升編輯效率，適合教學影片製作。
- 操作介面友善，讓新手也能快速上手，無需專業技能。
- 多平台支援，隨時隨地編輯影片，方便靈活使用。

影片創作與編輯 | Vrew

MEMO

AI資訊工具知識圖卡

語系：支援繁體中文 ｜ Freemium 模式

設備：桌機　　類別：影片創作與編輯

54　工具名稱

FlexClip

平台介紹和操作方式

FlexClip是一款線上影片剪輯工具，結合AI技術，提供豐富模板，操作簡便。

工具功能和使用情境

① AI配音　　④ 範本豐富　　⑦ 場景生成
② 影像去背　　⑤ 智慧場景　　⑧ 生成劇本
③ 字幕生成　　⑥ 即時預覽　　⑨ AI生圖

平台網址　　評價和推薦

- 操作簡單直觀，適合新手使用，快速上手無壓力。
- 豐富模板選擇，節省創作時間，輕鬆製作專業影片。
- 強大AI功能支援，提升編輯效率，讓創作更具靈活性。

影片創作與編輯 | FlexClip
MEMO

AI資訊工具知識圖卡

語系：英文 ｜ Freemium 模式

設備：桌機　　類別：影片創作與編輯

55 工具名稱

HeyGen

平台介紹和操作方式

HeyGen是一款AI工具，能將靜態圖像轉化為會說話的角色。

工具功能和使用情境

① 容易上手　④ 語音克隆　⑦ 簡報輔助
② 視頻生成　⑤ 多語配音　⑧ 短片剪輯
③ 動態角色　⑥ 課程講解　⑨ 市場行銷

平台網址　　　評價和推薦

- 簡化視頻創作：HeyGen讓用戶輕鬆製作專業級視頻，無需專業技能。
- 多語言支持：平台支持多種語言，適合全球化的內容需求，提升交流效果。
- 個性化定制選項：用戶可自訂AI化身，增強視頻的獨特性和吸引力。

影片創作與編輯｜HeyGen
MEMO

AI資訊工具知識圖卡

語系：支援繁體中文 ｜ Freemium 模式

設備：桌機

類別：簡報與心智圖表

56 工具名稱

Gamma

平台介紹和操作方式

是一款 AI 驅動的內容創作平台，快速生成專業的簡報、文件和網頁。

工具功能和使用情境

- ① AI簡報
- ② 簡報設計
- ③ 文本轉換
- ④ 風格切換
- ⑤ 一鍵生成
- ⑥ 長文轉換
- ⑦ 簡報切換
- ⑧ 生成網站
- ⑨ 網站轉換

平台網址

評價和推薦

- 操作簡單高效：Gamma 能快速生成簡報，節省大量時間與精力，適合各類使用者。
- 靈活模板選擇：提供多樣化的視覺設計模板，滿足不同需求，提升簡報品質。
- 即時協作功能：支持團隊共同編輯與分享，增強溝通效果，提升工作效率。

簡報與心智圖表 | Gamma

MEMO

AI資訊工具知識圖卡

語系：支援簡體中文 | Freemium 模式

設備：桌機　　類別：簡報與心智圖表

57　工具名稱

SlidesAI

平台介紹和操作方式

SlidesAI是一款利用AI自動生成專業簡報的工具。

工具功能和使用情境

① AI簡報　　④ 風格切換　　⑦ 簡報切換
② 簡報設計　⑤ 一鍵生成　　⑧ 提升效率
③ 文本轉換　⑥ 長文轉換　　⑨ 易於使用

平台網址　　　　　評價和推薦

- 快速生成簡報內容：只需輸入文字，幾分鐘內即可自動完成簡報製作。
- 多樣化設計選擇：提供多種主題與風格，輕鬆打造專業且吸引人的簡報。
- 自動配圖功能：系統能根據內容自動選擇合適的圖片，提升視覺效果。

簡報與心智圖表 | SlidesAI
MEMO

AI資訊工具知識圖卡

語系：支援繁體中文 ｜ Paid 模式

設備：手機 ｜ 桌機　　類別：簡報與心智圖表

58　工具名稱

Mapify

平台介紹和操作方式

心智圖生成平台，支援多種檔案或資料生成。

工具功能和使用情境

- ① 靈感補捉
- ② 文本整理
- ③ 資料擴展
- ④ 網頁摘要
- ⑤ 影片提煉
- ⑥ 語系支援
- ⑦ 項目規劃
- ⑧ 多方輸出
- ⑨ 視覺呈現

平台網址　　**評價和推薦**

- 操作簡單直觀：Mapify 使用者友好，輕鬆生成心智圖，提升效率。
- 多功能整合性：支持多種格式轉換，適合各種內容與需求，靈活應用。
- 增強學習效果：將教育材料視覺化，幫助學生理解與記憶，提高學習興趣。

簡報與心智圖表 | Mapify

MEMO

AI資訊工具知識圖卡

語系：支援繁體中文 ｜ Paid 模式

設備：桌機　　類別：簡報與心智圖表

59　工具名稱

Xmind AI

平台介紹和操作方式

Xmind AI 是一款強大的心智圖工具，能快速生成視覺化內容。

工具功能和使用情境

① 腦圖生成　④ 匯出轉換　⑦ 編輯簡易
② 學習筆記　⑤ 創意發想　⑧ 教育培訓
③ 簡報播放　⑥ 頭腦創想　⑨ 平台支援

平台網址　　評價和推薦

- 無限制創建心智圖，讓靈感隨時隨地自由發揮。
- 多樣化範本選擇，快速生成專業視覺化內容。
- 介面直觀易用，適合各種使用者輕鬆上手。

簡報與心智圖表 | Xmind AI
MEMO

AI資訊工具知識圖卡

語系：英文｜Freemium 模式

設備：桌機　類別：簡報與心智圖表

60 工具名稱

Napkin

平台介紹和操作方式

生成文字和可搭配的圖表，讓文章圖文並茂。

工具功能和使用情境

① 資料彙整　④ 多樣圖表　⑦ 社群經營
② 分段整合　⑤ 語系支援　⑧ 圖表呈現
③ 圖表生成　⑥ 點子生成　⑨ 搭配簡報

平台網址　　評價和推薦

- 操作簡單直觀，節省創作時間：無需設計技能，快速生成圖表。
- 靈活的圖表設計，適合教育工作者：可調整樣式，幫助理解抽象概念，提升學習興趣。
- 創作者必備工具，商業簡報利器：增添視覺吸引力，強化說服力，提升團隊溝通效果。

簡報與心智圖表 | Napkin
MEMO

AI資訊工具知識圖卡

語系：英文｜Freemium 模式

設備：桌機　　類別：簡報與心智圖表

61　工具名稱

Alayna AI

平台介紹和操作方式

Alayna AI 提供教育工作者強大的 AI 工具，節省教學時間。

工具功能和使用情境

① 資源生成　④ 提問回答　⑦ 資料整理
② 簡報設計　⑤ 教學評估　⑧ 創意發想
③ 課程創作　⑥ 圖像生成　⑨ 專業發展

平台網址　　評價和推薦

- 提升教學效率：Alayna AI 幫助教師快速生成課程，節省準備時間，提升效率。
- 互動學習體驗：透過多媒體內容，讓學生在學習中更主動參與，增加互動性。
- 個性化教學支持：根據學生需求調整課程內容，滿足不同學習風格和目標。

簡報與心智圖表 | Alayna AI
MEMO

AI資訊工具知識圖卡

語系：英文 ｜ Paid 模式

設備：桌機　　類別：簡報與心智圖表

62 工具名稱

Beautiful AI

平台介紹和操作方式

Beautiful.ai 是一款專注於簡報設計的人工智慧工具，能自動生成專業簡報。

工具功能和使用情境

① 容易上手　④ 視覺設計　⑦ 簡報導出
② 自動排版　⑤ 快速分享　⑧ 行銷宣傳
③ 知識管理　⑥ 專業外觀　⑨ 圖表生成

平台網址　　　評價和推薦

- 無需設計經驗，輕鬆創建專業簡報，適合各類使用者。
- 自動化設計功能，節省時間與精力，專注於內容呈現。
- 即時協作工具，促進團隊合作，提高工作效率與溝通。

簡報與心智圖表 | Beautiful AI
MEMO

AI資訊工具知識圖卡

語系：簡體中文 ｜ Paid 模式

設備：桌機　　類別：簡報與心智圖表

63　工具名稱

iSlide

平台介紹和操作方式

iSlide 是一款自動生成簡報的人工智慧工具，結合Office簡報功能強大。

工具功能和使用情境

① 容易上手　　④ 海量資源　　⑦ 文本生成
② 自動生成　　⑤ 快速編輯　　⑧ 簡報模版
③ 簡報外掛　　⑥ 主題切換　　⑨ 內容整合

平台網址　　　　評價和推薦

- 快速生成簡報：只需幾分鐘即可自動生成完整簡報，節省時間與精力。
- 微軟Office簡報外掛功能齊備。
- 友善使用介面：即使無設計經驗，使用者也能輕鬆上手，創造專業簡報。

簡報與心智圖表 | iSlide

MEMO

AI資訊工具知識圖卡

語系：繁體中文 ｜ Freemium 模式

設備：桌機

類別：教育與學習

64 工具名稱

AI 伴學小助教

平台介紹和操作方式

AI 伴學小助教，提供即時學習輔導與資源。

工具功能和使用情境

① 即時輔導
② 資料整理
③ 學習資源
④ 問題解答
⑤ 專業諮詢
⑥ 知識分享
⑦ 作業輔助
⑧ 筆記探索
⑨ 回饋收集

平台網址

評價和推薦

- 個性化學習輔導，讓學生隨時隨地獲得支持。
- 強大的知識庫，隨時解答學生的疑問。
- 自訂角色設定，提升學習互動與趣味性。

教育與學習｜AI 伴學小助教

MEMO

AI資訊工具知識圖卡

語系：英文 | Freemium 模式

設備：桌機　　類別：教育與學習

65　工具名稱

School AI

平台介紹和操作方式

一個強大的平台，提供安全的 AI 工具，促進師生之間的互動與學習。

工具功能和使用情境

- ① 自主學習
- ② 即時反饋
- ③ 安全互動
- ④ 課程管理
- ⑤ 線上活動
- ⑥ 教學助手
- ⑦ 互動聊天
- ⑧ 專業發展
- ⑨ 學習支持

平台網址　　評價和推薦

- 提升學習互動：讓學生在趣味中學習，增加參與感與動力。
- 個性化學習體驗：根據學生需求調整內容，滿足不同學習風格。
- 節省教學時間：簡化教學準備過程，讓教師專注於學生的需求。

教育與學習 | School AI
MEMO

AI資訊工具知識圖卡

語系：支援簡體中文 ｜ Freemium 模式

設備：桌機　　類別：教育與學習

66　工具名稱

Brisk teaching

平台介紹和操作方式

Chrome 擴充功能，專為教師設計，旨在簡化教學工作、提高效率。

工具功能和使用情境

① 簡化教學　④ 檢查寫作　⑦ 編輯簡易
② 智能回饋　⑤ 創意發想　⑧ 教育培訓
③ 分級資源　⑥ 優化評分　⑨ 資料分析

平台網址　　評價和推薦

- 提升教學效率，讓教師有更多時間專注於學生需求。
- 智能化反饋系統，提供個性化的學生作業評估。
- 無縫整合現有工具，簡化教學過程中的繁瑣任務。

教育與學習 | Brisk teaching
MEMO

AI資訊工具知識圖卡

語系：英文 ｜ Freemium 模式

設備：桌機　　類別：教育與學習

67　工具名稱

Curipod

平台介紹和操作方式

Curipod 是一款 AI 驅動的互動教學工具，幫助教師創建引人入勝的課程內容

工具功能和使用情境

① 互動課程　④ 即時互動　⑦ 個性反饋
② 自動生成　⑤ 出文字雲　⑧ 備課方便
③ 多種學科　⑥ 手繪功能　⑨ 創意教學

平台網址

評價和推薦

- 引人入勝的課程設計：Curipod 幫助教師創建互動課程，提升學生學習興趣和參與度。
- 節省教師準備時間：自動生成課程內容，讓教師專注於教學而非規劃，提升教學效率。
- 符合教育標準的工具：提供多樣化的互動功能，幫助教師滿足不同學科和年級的需求。

教育與學習 | Curipod

MEMO

AI資訊工具知識圖卡

語系：支援繁體中文 | Freemium 模式

設備：桌機　　類別：教育與學習

68　工具名稱

Eduaide

平台介紹和操作方式

一款 AI 驅動的教育平台，幫助教師輕鬆創建課程計劃和教學資源。

工具功能和使用情境

① 課程計畫
② 教學活動
③ 多種學科
④ 評量規準
⑤ 單元計畫
⑥ 教學簡報
⑦ 遊戲教學
⑧ 合作學習
⑨ 閱讀教學

平台網址

評價和推薦

- AI 驅動課程設計：Eduaide 能快速生成教學資源，節省教師準備時間，提升教學效率。
- 個性化教學工具：根據學生需求調整內容，幫助教師提供更具針對性的學習體驗。
- 多語言支持功能：支持多種語言，適合全球教育工作者，促進文化相關性和交流。

教育與學習 | Eduaide

MEMO

AI資訊工具知識圖卡

語系：支援繁體中文 ｜ Freemium 模式

設備：桌機　　類別：教育與學習

69　工具名稱

Magic School

平台介紹和操作方式

Magic School 是提供超過 60 種工具，幫助教師簡化課程計劃和教學資源創建

工具功能和使用情境

① 課程計畫　④ 評量規準　⑦ 遊戲教學
② 教學活動　⑤ 單元計畫　⑧ 合作學習
③ 多種學科　⑥ 教學簡報　⑨ 作業批改

平台網址　　評價和推薦

- 多樣化工具支持：提供超過 60 種工具，助教師簡化課程計劃與資源創建。
- 節省時間精力：自動生成教學材料，讓教師專注於教學質量與學生互動。
- 促進學生參與：激發學生學習動機，提升教學效果，創造更具互動性的學習環境。

教育與學習 | Magic School
MEMO

AI資訊工具知識圖卡

語系：支援繁體中文 ｜ Freemium 模式

設備：手機 ｜ 桌機

類別：教育與學習

70　工具名稱

Padlet

平台介紹和操作方式

Padlet 是一個互動式數位看板平台，輕鬆創建和分享內容，促進協作學習。

工具功能和使用情境

① 課堂互動
② 團體討論
③ 學習歷程
④ 同儕互評
⑤ 媒體整合
⑥ 投票評分
⑦ 創意發想
⑧ 作業繳交
⑨ AI繪圖

平台網址

評價和推薦

- 簡單易用的互動平台：Padlet 提供直觀界面，適合教師和學生共同創建內容。
- 多功能支援協作學習：可用於團體作業、課堂討論及作品展示，增強學習效果與參與感。
- 靈活的隱私設定選項：教師可控制學生權限，確保安全使用，保護個人隱私。

教育與學習 | Padlet
MEMO

AI資訊工具知識圖卡

語系：英文 ｜ Freemium 模式

設備：桌機　　類別：教育與學習

71　工具名稱

Twee

平台介紹和操作方式

Twee 是一款專為英文教學內容創作和管理而設計，提升效率。

工具功能和使用情境

① 閱讀理解　④ 主題對話　⑦ 內容摘要
② 開放問題　⑤ 聲音轉字　⑧ 練習單字
③ 是非試題　⑥ 影片轉字　⑨ 創意教學

平台網址　　評價和推薦

- 簡化內容創作，提升社交媒體管理效率：提供多種工具，讓創作過程變得更輕鬆。
- 自動化排程功能，節省時間與精力：用戶可快速排程貼文，減少手動操作的繁瑣。
- 強大數據分析，幫助優化內容策略：透過數據洞察，提升貼文效果，增強受眾互動。

教育與學習 | Twee

MEMO

AI資訊工具知識圖卡

語系：支援繁體中文 ｜ Freemium 模式

設備：桌機

類別：教育與學習

72 工具名稱

Questionwell

平台介紹和操作方式

是一個幫助教育工作者提升效率的 AI 工具，能快速生成教學材料。

工具功能和使用情境

① 教學備課
② 問題轉換
③ 文件匯入
④ 影片教學
⑤ 網頁教學
⑥ 題目設計
⑦ 快速更新
⑧ 匯出支援
⑨ 來源清楚

平台網址

評價和推薦

- 簡化教學流程，提升教師效率，讓備課變得更輕鬆。
- 提供多種格式輸出，方便整合至現有教學平台使用。
- 支援標準對應內容，確保教學品質符合教育需求

教育與學習 | Questionwell

MEMO

AI資訊工具知識圖卡

語系：支援繁體中文 ｜ Freemium 模式

設備：手機 ｜ 桌機　　類別：教育與學習

73　工具名稱

Wayground

平台介紹和操作方式

Wayground 是一款互動式學習平台，教師輕鬆創建課程，進行差異化教學。

工具功能和使用情境

① 互動測驗　④ 自訂主題　⑦ 課堂競賽
② 即時反饋　⑤ 遊戲學習　⑧ 學習追蹤
③ 多樣試題　⑥ AI出題　　⑨ 教師主導

平台網址　　　評價和推薦

- 簡單易用，增強參與感：教師可輕鬆創建測驗，學生互動性高，學習更有趣。
- 即時反饋，調整教學策略：提供即時數據，幫助教師了解學生進度，提升教學效果。
- 多樣問題類型，自適應學習：支持多種題型，學生可按步調作答，適合不同學習需求。

教育與學習 | Wayground

MEMO

AI資訊工具知識圖卡

語系：支援繁體中文 ｜ Freemium 模式

設備：手機 ｜ 桌機　　類別：教育與學習

74　工具名稱

Kahoot

平台介紹和操作方式

Kahoot是互動式學習平台，讓教師透過遊戲化方式提升學生學習動機。

工具功能和使用情境

① 互動測驗　④ 自訂主題　⑦ 課堂競賽
② 即時反饋　⑤ 遊戲學習　⑧ 學習追蹤
③ 多樣試題　⑥ 報告分析　⑨ 教師主導

平台網址　　**評價和推薦**

- 提升學生參與度，互動性強：透過遊戲化學習，激發學生的學習興趣和參與感。
- 適用於各種場合，簡單易用：可在課堂、工作坊等多種環境中運用，操作簡便。
- 即時反饋與分析，促進學習：提供即時成績反饋，幫助教師了解學生的學習狀況。

教育與學習｜Kahoot

MEMO

AI資訊工具知識圖卡

語系：支援繁體中文 ｜ Freemium 模式

設備：桌機　　　　**類別**：教育與學習

75　工具名稱

Diffit

平台介紹和操作方式

Diffit 是一款 AI 教學工具，幫助教師根據學生需求調整閱讀材料，提升成效。

工具功能和使用情境

① 課堂互動　④ 提取內容　⑦ 課程設計
② 團體討論　⑤ 題目設計　⑧ 多元版面
③ 自動出題　⑥ 閱讀課程　⑨ 創意寫作

平台網址　　**評價和推薦**

- 個性化學習提升：根據學生需求調整材料，增強學習效果與參與感。
- 即時回饋機制：教師可快速了解學生進度，及時調整教學策略，促進學習。
- 多元內容整合：結合不同媒體資源，讓學習過程更有趣且具吸引力。

教育與學習 | Diffit

MEMO

AI資訊工具知識圖卡

語系：支援繁體中文｜Freemium 模式

設備：桌機　　類別：教育與學習

76　工具名稱

Edcafe

平台介紹和操作方式

Edcafe 是一款 AI 驅動的課程生成工具，輕鬆創建符合標準的課程內容。

工具功能和使用情境

① 生成簡報　④ 教學資源　⑦ 學生參與
② 多種題型　⑤ 紀錄成績　⑧ 多樣互動
③ 課程計畫　⑥ AI機器人　⑨ 影片測驗

平台網址

評價和推薦

- 輕鬆創建測驗：Edcafe 提供簡單的介面，快速生成多樣互動式測驗，提升教學效率。
- 符合教育標準：所有測驗均可與 K12 標準對齊，確保學生學習目標達成。
- 多樣化問題類型：支持多種題型，吸引學生注意力，讓學習變得更有趣且互動。

教育與學習 | Edcafe

MEMO

AI資訊工具知識圖卡

語系：支援簡體中文 ｜ Freemium 模式

設備：桌機　　類別：教育與學習

77　工具名稱

Quizalize

平台介紹和操作方式

Quizalize結合AI生成題目與遊戲化學習透過互動式測驗，提升學習效果。

工具功能和使用情境

① 課堂互動　④ 遊戲呈現　⑦ 快速創立
② 多樣題型　⑤ 操作簡單　⑧ 媒體整合
③ 即時出題　⑥ 試題編輯　⑨ 多種匯出

平台網址　　評價和推薦

- 高效生成題目：使用Quizalize可快速生成多樣化的測驗題，節省備課時間。
- 互動學習體驗：透過遊戲化設計，提升學生學習興趣與參與度，增強互動性。
- 即時數據分析：提供詳細成績報告，幫助教師了解學生學習進度與問題所在。

教育與學習 | Quizalize
MEMO

AI資訊工具知識圖卡

語系：英文 ｜ Paid 模式

設備：桌機　　類別：教育與學習

78 工具名稱

T++

平台介紹和操作方式

T++為體驗互動、個性化課程管理的平台。

工具功能和使用情境

① 快問快答 ⊗　④ 是非選擇 ⊗　⑦ 快速分組 ⊗
② 文字雲　 ⊗　⑤ 錄音任務 ⊗　⑧ 快速抽籤 ⊗
③ 即時投票 ⊗　⑥ 錄影任務 ⊗　⑨ 發送任務 ⊗

平台網址　　評價和推薦

- 評量功能多元：T++評量支援多種題型。
- 教學超強助攻：它是平板時代老師的好幫手。
- 介面簡單上手：T++操作直觀，讓老師會用、活用、常用。

教育與學習 | T++

MEMO

AI資訊工具知識圖卡

語系：英文｜ Paid 模式

設備：手機｜桌機　　類別：教育與學習

79 工具名稱

PopAI

平台介紹和操作方式

PopAI整合多種AI工具，提升使用者效率。

工具功能和使用情境

① 容易上手　④ 流程製作　⑦ 圖表分析
② 寫作助手　⑤ 教育寫作　⑧ 創意靈感
③ 文檔處理　⑥ 簡報生成　⑨ 內容整合

平台網址　　評價和推薦

- 多功能整合平台，提升工作效率，無需切換應用程序。
- 強大的 AI 驅動技術，支持多種任務，簡化日常工作流程。
- 協作與分享功能，促進團隊合作，提升專案執行力。

教育與學習 | PopAI
MEMO

AI資訊工具知識圖卡

語系：簡體中文 ｜ Paid 模式

設備：桌機　　類別：語音與音訊

80　工具名稱

PodLM

平台介紹和操作方式

PodLM能夠輕鬆將網址、文本和文檔轉換為專業品質的Podcast

工具功能和使用情境

① 快速創建　　④ 即時生成　　⑦ 長文生成
② 簡化流程　　⑤ 靈活應用　　⑧ 中文語音
③ 一鍵轉換　　⑥ 網址生成　　⑨ 多人對話

平台網址　　評價和推薦

- 創作簡單：PodLM讓播客製作變得輕鬆，節省時間與精力，非常實用。
- 高質量內容：先進的AI技術生成專業音頻，提升了播客的整體品質。
- 多功能支持：一鍵轉換和多說話人功能，滿足不同創作者的需求，值得推薦。

語音與音訊｜PodLM

MEMO

AI資訊工具知識圖卡

語系：英文｜Freemium 模式

設備：手機｜桌機　　類別：語音與音訊

81　工具名稱

Suno

平台介紹和操作方式

Suno 是一款人工智慧音樂創作工具，能將文字描述轉換成完整歌曲。

工具功能和使用情境

① 生成音樂　④ 不用基礎　⑦ 語言選擇
② 創作歌詞　⑤ 樂曲分享　⑧ 操作簡單
③ 設定風格　⑥ 結合記憶　⑨ 靈感提供

平台網址　　評價和推薦

- 音樂創作簡便：只需輸入提示，快速生成旋律和歌詞，適合所有使用者。
- 多樣化風格選擇：支持多種音樂風格，從流行到電子，滿足不同需求。
- 高品質音效生成：最新版本提供廣播質量的音樂，提升創作的專業感。

語音與音訊 | Suno
MEMO

AI資訊工具知識圖卡

語系：英文 ｜ Freemium 模式

設備：手機 ｜ 桌機　　類別：語音與音訊

82 工具名稱

Udio

平台介紹和操作方式

Udio是一個簡單易用的音樂生成平台。

工具功能和使用情境

① 文字生成　④ 提供試聽　⑦ 不同文化
② 詞曲搭配　⑤ 多國語言　⑧ 風格多變
③ 音訊分離　⑥ 音樂延長　⑨ 適合娛樂

平台網址　　評價和推薦

- 操作簡易，無音樂背景也可輕鬆使用。
- 可隨機生成音樂，鼓勵創意發想。
- 免費生成音樂可用於非商業用途。

語音與音訊｜Udio
MEMO

AI資訊工具知識圖卡

語系：英文 ｜ Freemium 模式

設備：手機　　類別：語音與音訊

83 工具名稱

MixerBox

平台介紹和操作方式

MixerBox是一款整合音樂、AI功能的多用途應用程式。

工具功能和使用情境

① 簡單易用　④ 生活資訊　⑦ Podcast生成
② 免費使用　⑤ 創意寫作　⑧ 搜尋整合
③ 即時新聞　⑥ 情感互動　⑨ 語音交談

平台網址　　評價和推薦

- 功能強大整合：MixerBox AI 結合多種功能，滿足多元需求，使用方便。
- 友善介面設計：全繁中介面，操作簡單直觀，適合各類型用戶使用。
- 即時語音助手：獨家整合 Siri，讓使用者隨時享受智慧語音服務。

語音與音訊 | MixerBox
MEMO

AI資訊工具知識圖卡

語系：支援繁體中文 | Paid 模式

設備：手機 | 桌機　　類別：語音與音訊

84　工具名稱

LaLa AI

平台介紹和操作方式

LaLa AI是一款先進的音樂源分離工具，能快速去除人聲。

工具功能和使用情境

① 音樂分離　④ 音質提升　⑦ 影片配樂
② 人聲去除　⑤ 降噪處理　⑧ 音樂素材
③ 伴奏提取　⑥ 回聲消除　⑨ 專業運用

平台網址　　評價和推薦

- 分離效果優異，能精確去除人聲，適合音樂製作需求。
- 操作簡單方便，使用者只需上傳音檔即可快速處理。
- 多樣化應用場景，適合DJ、音樂家及創意工作者使用。

語音與音訊 | LaLa AI
MEMO

AI資訊工具知識圖卡

語系：支援繁體中文 ｜ Freemium 模式

設備：桌機　　類別：語音與音訊

85　工具名稱

POPPOP AI

平台介紹和操作方式

PopPop AI 是一個免費的文字轉語音工具，支援多種語言。

工具功能和使用情境

① 文轉語音　　④ 翻唱歌曲　　⑦ 聲音選擇
② 無需註冊　　⑤ 卡拉OK　　⑧ 語音朗讀
③ 操作方便　　⑥ 環境音效　　⑨ 聲音克隆

平台網址　　評價和推薦

- 免費使用方便，無需註冊即可立即享受轉語音功能，簡單易上手。
- 多語言支持，支援超過20種語言，適合不同需求的使用者。
- 音質清晰自然，生成的語音聽起來如同真人朗讀，提升使用體驗。

語音與音訊 | POPPOP AI
MEMO

AI資訊工具知識圖卡

語系：支援繁體中文 | Freemium 模式

設備：桌機　　類別：語音與音訊

86 工具名稱

Memo

平台介紹和操作方式

Memo AI 是一款強大的語音轉文字工具，支援多語言轉錄與翻譯。

工具功能和使用情境

① AI 轉錄 ⓥ　④ 影片字幕 ⓥ　⑦ 文轉聲音 ⓥ
② 會議紀錄 ⓥ　⑤ 知識整理 ⓥ　⑧ 腦圖生成 ⓥ
③ 影片逐字 ⓥ　⑥ 重點摘要 ⓥ　⑨ 快速匯出 ⓥ

平台網址　　評價和推薦

- 高精度轉錄功能：Memo AI 提供準確的音視頻轉文字服務，適合專業人士使用。
- 多語言支持：支持多種語言的字幕生成，方便跨國交流與學習。
- 友好操作介面：界面直觀易用，新手也能快速上手，提升工作效率。

語音與音訊 | Memo

MEMO

AI資訊工具知識圖卡

語系：英文 ｜ Freemium 模式

設備：手機 ｜ 桌機　　類別：筆記與知識管理

87 工具名稱

APPLE備忘錄

平台介紹和操作方式

APPLE備忘錄是IOS系統中強大的筆記軟體。

工具功能和使用情境

① 跨多平台　　④ 第二大腦　　⑦ 影音整合
② 語音筆記　　⑤ 標籤記錄　　⑧ 支援數學
③ 筆記管理　　⑥ 重點紀錄　　⑨ 轉換格式

平台網址　　　　評價和推薦

- 快速、隨時紀錄想法，可加圖片、連結。
- 使用者可邀請他人一起共編，設定不同權限。
- 同步存取最新備忘錄，可設定密碼保護。

筆記與知識管理｜APPLE 備忘錄
MEMO

AI資訊工具知識圖卡

語系：英文｜Freemium 模式

設備：手機｜桌機　　類別：筆記與知識管理

88 工具名稱

Mymemo

平台介紹和操作方式

Mymemo是利用 AI 管理數位知識的平台，幫助用戶整理、分析和檢索資訊。

工具功能和使用情境

① 摘要生成　④ 第二大腦　⑦ 筆記整合
② 自動提問　⑤ 智能檢索　⑧ 數據分析
③ 筆記管理　⑥ 即時查詢　⑨ 多國紀錄

平台網址　　評價和推薦

- 智能化知識管理，讓您輕鬆整理和檢索數位資料，提升工作效率。
- 多媒體整合平台，支持各類內容，方便集中管理不同來源的資訊。
- 隱私安全保障，確保用戶資料受到嚴格保護，安心使用無需擔心。

筆記與知識管理 | Mymemo

MEMO

AI資訊工具知識圖卡

語系：簡體中文 | Freemium 模式

設備：手機 | 桌機

類別：筆記與知識管理

89 工具名稱

Get筆記

平台介紹和操作方式

GET筆記是一款方便的筆記應用程式，適合快速整理與分享資訊。

工具功能和使用情境

① 同步筆記 ○
② 語音輸入 ○
③ AI助手 ○
④ 第二大腦 ○
⑤ 簡易分享 ○
⑥ 筆記功能 ○
⑦ 快速更新 ○
⑧ 筆記分類 ○
⑨ 增強效率 ○

平台網址

評價和推薦

- 功能強大，支援多平台同步，隨時隨地輕鬆管理筆記。
- 介面友善，使用簡單直觀，適合各種使用者需求。
- 可事前預設要錄製的支援平台直播。

筆記與知識管理｜Get 筆記
MEMO

AI資訊工具知識圖卡

語系：支援繁體中文 | Paid 模式

設備：手機 | 桌機　　類別：筆記與知識管理

90　工具名稱

Voicenotes

平台介紹和操作方式

Voicenotes是一個AI驅動的筆記平台，支援語音錄音與自動摘要。

工具功能和使用情境

① 摘要生成 ⊗　④ 翻譯功能 ⊗　⑦ 上課筆記 ⊗
② 錄音功能 ⊗　⑤ 即時同步 ⊗　⑧ 生活秘書 ⊗
③ 筆記管理 ⊗　⑥ 會議紀錄 ⊗　⑨ 匯出整理 ⊗

平台網址　　　　評價和推薦

- 語音轉文字準確，提升筆記效率，讓靈感隨時捕捉。
- AI助手智能關聯，快速找到相關內容，增強使用體驗。
- 多平台支援，隨時隨地記錄，方便日常生活與工作。

筆記與知識管理 | Voicenotes
MEMO

AI資訊工具知識圖卡

語系：英文 | Paid模式

設備：桌機　　類別：筆記與知識管理

91　工具名稱

Scrintal

平台介紹和操作方式

是一款專注於可視化筆記的工具，以更直觀和非線性的方式組織和連結想法。

工具功能和使用情境

① 無限畫布　④ AI助手　⑦ 腦力激盪
② 卡片筆記　⑤ 標籤分類　⑧ 學習整理
③ 雙向連結　⑥ 即時搜尋　⑨ 卡片拆解

平台網址　　評價和推薦

- 提供無限畫布與雙向連結功能，讓使用者能直觀地整理筆記
- 支援嵌入圖片、影片與 PDF，並可同時檢視與筆記，提升學習與專案管理的效率。
- 特別適合視覺化思考者與研究者，但對於習慣線性筆記的人可能不夠直觀

筆記與知識管理 | Scrintal
MEMO

AI資訊工具知識圖卡

語系：英文｜Freemium 模式

設備：手機｜桌機　　類別：語音與音訊

92 工具名稱

AudioPen

平台介紹和操作方式

是一款業的語音筆記的工具，以更簡單的方式紀錄自己想法或生活。

工具功能和使用情境

① 讀書筆記　④ 文章草稿　⑦ 自動潤色
② 會議紀錄　⑤ 學術整理　⑧ 旅行日記
③ 日常備忘　⑥ 標點修正　⑨ 創意腳本

平台網址　　評價和推薦

- 高效轉文字：快速將語音轉為條理清晰的文字，適合會議記錄與靈感捕捉。
- 多語言支援：支援多種語言與書寫風格，適合跨文化溝通與專業寫作。
- 簡單易用：操作直觀，適合教育者、創作者及日常筆記需求，提升效率。

筆記與知識管理 | AudioPen
MEMO

AI資訊工具知識圖卡

語系：支援繁體中文 ｜ Paid 模式

設備：手機 ｜ 桌機

類別：會議與協作

93 工具名稱

Vocol

平台介紹和操作方式

上傳檔案、生成逐字稿、AI Power分析、管理媒體庫、分享檔案及新增評論。

工具功能和使用情境

① 檔案管理　④ 檔案分享　⑦ 英聽辨讀
② 協同合作　⑤ 洞察分析　⑧ 會議紀錄
③ 工具整合　⑥ 語系轉譯　⑨ 讀書彙整

平台網址

評價和推薦

- 逐字稿生成：Vocol.ai 提供準確的音檔逐字稿，提升會議記錄效率，便於後續分析。
- 整合工具設定：輕鬆整合 Microsoft Teams 和 Google Meet，讓會議管理更流暢，簡化行事曆操作。
- 多功能管理：支持待辦事項編輯與媒體庫管理，方便用戶有效組織和分享檔案。

會議與協作｜Vocol
MEMO

AI資訊工具知識圖卡

語系：支援繁體中文 ｜ Freemium 模式

設備：桌機　　類別：會議與協作

94	工具名稱
	Good Tape

平台介紹和操作方式

Good Tape AI 是一個智能錄音工具，能自動轉錄會議內容。

工具功能和使用情境

① 快速轉錄　④ 安全性高　⑦ 友好界面
② 高準確率　⑤ 免費額度　⑧ 會議紀錄
③ 自動標注　⑥ 語系轉譯　⑨ 讀書彙整

平台網址　　評價和推薦

- 轉錄準確率高達99.98%，非常值得信賴的工具。
- 支援多種語言，滿足不同用戶需求，使用方便。
- 安全性極高，符合GDPR標準，保障數據隱私。

會議與協作 | Good Tape

MEMO

AI資訊工具知識圖卡

語系：繁體中文 ｜ Freemium 模式

設備：手機 ｜ 桌機

類別：會議與協作

95 工具名稱

雅婷逐字稿

平台介紹和操作方式

一款台灣開發的語音轉文字App，支援多種語言及口音，提升工作效率。

工具功能和使用情境

① 快速轉錄 ✓
④ 支援插件 ✓
⑦ 友好界面 ✓
② 匯出多樣 ✓
⑤ 免費額度 ✓
⑧ 會議紀錄 ✓
③ 自動標點 ✓
⑥ 支援閩語 ✓
⑨ 讀書彙整 ✓

平台網址

評價和推薦

- 快速轉換文字：雅婷逐字稿能迅速將語音轉為文字，提升工作效率。
- 多平台使用：支援手機、平板及電腦，隨時隨地都能使用。
- 保護使用者隱私：強調資料不外洩，保障用戶的隱私與安全。

會議與協作 | 雅婷逐字稿

MEMO

AI資訊工具知識圖卡

語系：支援繁體中文 ｜ Paid 模式

設備：手機 ｜ 桌機　　類別：會議與協作

96　工具名稱

SeaMeet

平台介紹和操作方式

Seameet AI 是一個提供智能會議解決方案的平台。

工具功能和使用情境

① 會議紀錄　④ 支援插件　⑦ 友好界面
② 主題分析　⑤ 免費額度　⑧ 會議紀錄
③ 自動標點　⑥ 生成摘要　⑨ 預約功能

平台網址　　**評價和推薦**

- 中文支持優秀：SeaMeet 完全支援繁體中文，適合各類會議需求。
- 即時紀錄功能：實時生成逐字稿，讓參與者不再錯過重點。
- 提升工作效率：自動摘要與待辦事項，助力團隊協作更流暢。

會議與協作 | Seameet

MEMO

AI資訊工具知識圖卡

語系：支援簡體中文 ｜ Freemium 模式

設備：手機 ｜ 桌機

類別：搜尋與資訊整理

97　工具名稱

Perplexity

平台介紹和操作方式

Perplexity 是一款結合搜尋引擎與 AI 的工具，提供即時、準確的資訊整合。

工具功能和使用情境

① 即時搜尋 ⊗
② 知識探索 ⊗
③ 多國語言 ⊗
④ 資料來源 ⊗
⑤ 學術搜尋 ⊗
⑥ 內容生成 ⊗
⑦ Comet支援 ⊗
⑧ 語音對話 ⊗
⑨ 備課準備 ⊗

平台網址

評價和推薦

- 整合多元資訊，快速提供精準答案，提升查詢效率。
- 用戶友好介面，適合各類型使用者，操作簡便無負擔。
- 持續更新資料來源，確保回應內容的時效性與準確性。

搜尋與資訊整理 | Perplexity

MEMO

AI資訊工具知識圖卡

語系：支援繁體中文 ｜ Freemium 模式

設備：手機 ｜ 桌機

類別：搜尋與資訊整理

98　工具名稱

Felo

平台介紹和操作方式

Felo是個多功能搜尋引擎，支援全網、社交媒體及學術搜尋。

工具功能和使用情境

① 全網搜尋 ✓
④ 資料來源 ✓
⑦ 思維導圖 ✓
② 學術資料 ✓
⑤ 學術搜尋 ✓
⑧ 專業網頁 ✓
③ 多國語言 ✓
⑥ 內容生成 ✓
⑨ 簡報生成 ✓

平台網址

評價和推薦

- Felo搜尋引擎功能強大，涵蓋全網及社交媒體，實用性高。
- 界面友善易用，適合各類型使用者，搜尋體驗流暢無阻。
- 支援多語言搜尋，讓使用者輕鬆獲取全球資訊，十分便利。

搜尋與資訊整理 | Felo
MEMO

AI資訊工具知識圖卡

語系：支援簡體中文 | Freemium 模式

設備：手機 | 桌機　　類別：搜尋與資訊整理

99 工具名稱

Liner

平台介紹和操作方式

Liner AI 是款強大的 AI 搜尋引擎，專注於資料收集與學術搜尋。

工具功能和使用情境

① 即時資訊　④ 網頁高亮　⑦ 問題推薦
② 學術資料　⑤ PDF提取　⑧ 思維導圖
③ 多國語言　⑥ 影片摘要　⑨ 自訂搜尋

平台網址　　**評價和推薦**

- 資料搜尋便捷：Liner AI 提供快速且準確的資料搜尋服務，提升工作效率。
- 學術研究助手：專為學術用途設計，能有效整理和分析研究資料。
- 使用介面友好：操作簡單易懂，適合各類型用戶輕鬆上手使用。

搜尋與資訊整理 | Liner
MEMO

AI資訊工具知識圖卡

語系：支援繁體中文 | Freemium 模式

設備：桌機

類別：搜尋與資訊整理

100 工具名稱

Genspark

平台介紹和操作方式

Genspark.ai 提供 AI 助手的網頁，讓使用者輕鬆提問和聊天。

工具功能和使用情境

① 超級智能體　④ 深入研究　⑦ 瀏覽器支援
② 多元視角　　⑤ 事實核查　⑧ 個性推薦
③ 多國語言　　⑥ 影片摘要　⑨ AI 播客

平台網址

評價和推薦

- 提供無偏見資訊：Genspark 確保使用者獲得客觀且高品質的搜尋結果。
- 即時生成頁面：透過 Sparkpages，使用者可快速獲得所需的資訊摘要。
- 節省搜尋時間：一站式平台讓使用者輕鬆獲取全球資訊，提升效率。

搜尋與資訊整理 | Genspark

MEMO

AI資訊工具知識圖卡

語系：英文 | Freemium 模式

設備：桌機　　類別：多功能平台

101 工具名稱

Coze

平台介紹和操作方式

Coze是一個AI聊天機器人平台,無需程式設計即可創建聊天機器人。

工具功能和使用情境

① 容易上手 ✓　④ 個人助理 ✓　⑦ 連結社群 ✓
② 多樣生成 ✓　⑤ 專業諮詢 ✓　⑧ 支持插件 ✓
③ 知識管理 ✓　⑥ 圖片生成 ✓　⑨ 資訊查詢 ✓

平台網址　評價和推薦

- 無需程式設計,輕鬆上手,適合所有使用者。
- 多平台整合,靈活應用於客服與教育等場景。
- 功能全面,支持語音、圖片等多種輸入方式。

多功能平台 | Coze

MEMO

AI資訊工具知識圖卡

語系：英文 | Free 模式

設備：桌機　　類別：多功能平台

102 工具名稱

Elmo

平台介紹和操作方式

一款智能的Chrome擴充工具，能快速摘要網頁、PDF及YouTube影片內容。

工具功能和使用情境

① 摘要生成　④ 翻譯功能　⑦ 解讀文件
② 問答功能　⑤ 工作報告　⑧ 網頁助手
③ 影片總結　⑥ 資料整理　⑨ 資料分析

平台網址　　評價和推薦

- Elmo能快速生成摘要，提升閱讀效率，讓學習變得更輕鬆。
- 支援多種格式，無論是網頁或PDF，都能輕鬆處理。
- 互動功能強大，隨時提問，深入了解所需資訊。

多功能平台 | Elmo
MEMO

AI資訊工具知識圖卡

語系：繁體中文 ｜ Freemium 模式

設備：桌機　　類別：多功能平台

103 工具名稱

Sider

平台介紹和操作方式

Sider 是一個整合多種 AI 模型的 Chrome 擴充功能，提升工作效率。

工具功能和使用情境

① 摘要生成 ⓥ　④ 翻譯功能 ⓥ　⑦ 寫作模式 ⓥ
② 問答功能 ⓥ　⑤ 網頁摘要 ⓥ　⑧ 網頁助手 ⓥ
③ 影片總結 ⓥ　⑥ 資料整理 ⓥ　⑨ 資料分析 ⓥ

平台網址　　評價和推薦

- 提升工作效率，整合多種功能，讓使用者事半功倍。
- 界面友好，操作簡便，適合各類型使用者使用。
- 即時回應需求，隨時獲得 AI 協助，增強創作靈感。

多功能平台 | Sider

MEMO

AI資訊工具知識圖卡

語系：英文 ｜ Paid 模式

設備：手機 ｜ 桌機　　　類別：多功能平台

104 工具名稱

Snipd

平台介紹和操作方式

Snipd是一款智能音訊剪輯工具，幫助用戶快速提取和分享重點。

工具功能和使用情境

① 智能剪輯　④ 搜尋內容　⑦ 音檔擷取
② 快速分享　⑤ 分類標籤　⑧ 快速分享
③ 創建摘要　⑥ 筆記功能　⑨ 增強效率

平台網址　　　　評價和推薦

- 快速提取精華：Snipd能迅速擷取播客中的重點，節省聆聽時間，提升效率。
- 便捷分享功能：用戶可輕鬆分享精彩片段，讓朋友也能享受有趣內容。
- 智能推薦系統：根據個人喜好推薦相關節目，讓你發現更多精彩內容。

多功能平台 | Snipd
MEMO

AI資訊工具知識圖卡

語系：支援繁體中文 ｜ Freemium 模式

設備：桌機　　類別：多功能平台

105 工具名稱

Guidde

平台介紹和操作方式

Guidde平台利用AI技術，簡化錄製教學影片及生成圖文文件的過程。

工具功能和使用情境

① 教學影片　④ 自動截圖　⑦ 編輯簡易
② 語音支援　⑤ 錄音後製　⑧ 教育培訓
③ 文幕生成　⑥ 影片連結　⑨ 客服利器

平台網址　　評價和推薦

- 快速生成教學影片，提升團隊效率，節省時間與成本。
- AI技術簡化操作流程，讓使用者輕鬆上手，快速掌握內容。
- 支援多語言與自訂設計，適合各種企業與教育需求。

多功能平台 | Guidde

MEMO

AI資訊工具知識圖卡

語系：英文 | Freemium 模式

設備：手機 | 桌機　　類別：多功能平台

106　工具名稱

Websim AI

平台介紹和操作方式

Websim AI 是個免費的人工智慧工具，能快速生成各種應用和網站。

工具功能和使用情境

① 簡單易用　④ 無需程式　⑦ 生成網站
② 完全免費　⑤ 創意無限　⑧ 即時調整
③ 快速生成　⑥ 支持遊戲　⑨ 下載使用

平台網址　　評價和推薦

- 快速生成網站，滿足各種需求，適合初學者和專業人士使用。
- 無需程式碼，簡單輸入描述，即可創建多樣化應用和遊戲。
- 完全免費，讓創意無限發揮，適合小型企業和個人專案。

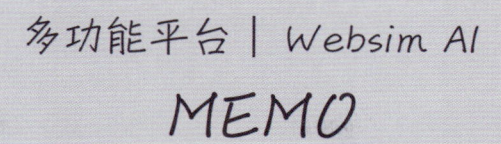

多功能平台 | Websim AI
MEMO

AI資訊工具知識圖卡

語系：英文 | Free 模式

設備：桌機

類別：多功能平台

107 工具名稱

LM Studio

平台介紹和操作方式

LM Studio 是一款可離線運行的本地 LLM 應用程式。

工具功能和使用情境

① 容易上手 ✓
④ 即時對話 ✓
⑦ 資訊安全 ✓
② 本地運行 ✓
⑤ 專業諮詢 ✓
⑧ 快速更換 ✓
③ 模型支援 ✓
⑥ 快速安裝 ✓
⑨ 資訊查詢 ✓

平台網址

評價和推薦

- 簡單易用界面，無需編程技能，適合各種使用者。
- 支持多平台運行，提升使用靈活性，滿足不同需求。
- 強化數據隱私，所有操作在本地完成，保障安全性。

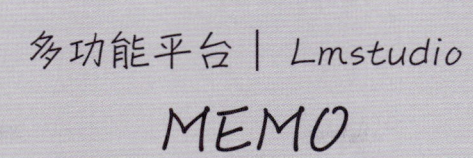

多功能平台｜Lmstudio
MEMO

AI資訊工具知識圖卡

語系：繁體中文 ｜ Freemium 模式

設備：手機 ｜ 桌機

類別：多功能平台

108 工具名稱

Fliphtml5

平台介紹和操作方式

Fliphtml5 AI 是一個線上工具，能將 PDF 轉換為互動式翻頁書。

工具功能和使用情境

① 電子書本　④ 社群分享　⑦ 用戶喜好
② 支持互動　⑤ 多種格式　⑧ 翻頁效果
③ 自動排版　⑥ 內容生成　⑨ 資料分析

平台網址　　評價和推薦

- 簡單易上手，無需專業技術即可輕鬆創建互動電子書，適合所有使用者。
- 多平台支持，可在各種設備上流暢閱讀，提升用戶的閱讀體驗與便利性。
- 強大功能整合，具備雲端存儲、社交分享等多項功能，滿足不同需求。

多功能平台 | Fliphtml5
MEMO

AI資訊工具知識圖卡

語系：英文 | Freemium 模式

設備：手機　　類別：多功能平台

109　工具名稱

TinyWow

平台介紹和操作方式

TinyWow是一個免費的AI工具平台，提供多種媒體處理功能。

工具功能和使用情境

① 圖片編輯　④ 視頻轉換　⑦ AI寫作
② PDF編輯　⑤ 內容改寫　⑧ 音轉文字
③ PDF合併　⑥ 圖片壓縮　⑨ 圖片生成

平台網址　　　評價和推薦

- 操作簡便，無需註冊，隨時隨地輕鬆使用各種工具。
- 提供多樣化功能，適合不同需求的用戶，提升工作效率。
- 完全免費，無限制使用，讓每位用戶都能輕鬆享受。

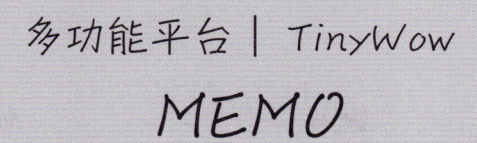

多功能平台│TinyWow
MEMO

MEMO

MEMO

國家圖書館出版品預行編目(CIP)資料

最熱門 100+ 種 AI 資訊知識圖卡工具筆記書 /
陳乃誠編著 . -- 初版 . -- 新北市：台科大圖書
股份有限公司 , 2024.09
　　面；　　公分
ISBN 978-626-391-646-3(平裝)

1.CST: 人工智慧　2.CST: 電腦教育
312.83　　　　　　　　　　　　　　114012412

多圓文化

線上讀者回函
歡迎給予鼓勵及建議
tkdbook.jyic.net/YU003

最熱門 100+ 種 AI 資訊知識圖卡工具筆記書

書　　　號	YU003
版　　　次	2025 年 9 月初版
編　著　者	陳乃誠
責　任　編　輯	徐螢箴・黃曦緡
校　對　次　數	6 次
版　面　構　成	楊蕙慈
封　面　設　計	林伊紋

版權宣告

有著作權　侵害必究

本書受著作權法保護。未經本公司事前書面授權，不得以任何方式（包括儲存於資料庫或任何存取系統內）作全部或局部之翻印、仿製或轉載。

書內圖片、資料的來源已盡查明之責，若有疏漏致著作權遭侵犯，我們在此致歉，並請有關人士致函本公司，我們將作出適當的修訂和安排。

發　行　所	台科大圖書股份有限公司
門　市　地　址	24257 新北市新莊區中正路 649-8 號 8 樓
電　　　話	02-2908-0313
傳　　　真	02-2908-0112
電　子　郵　件	service@jyic.net
郵　購　帳　號	19133960
戶　　　名	台科大圖書股份有限公司
	※郵撥訂購未滿 1500 元者，請付郵資，本島地區 100 元 / 外島地區 200 元
客　服　專　線	0800-000-599
網　路　購　書	勁園科教旗艦店　蝦皮商城　　博客來網路書店　台科大圖書專區　　勁園商城

各服務中心	總　公　司	02-2908-5945	台中服務中心	04-2263-5882
	台北服務中心	02-2908-5945	高雄服務中心	07-555-7947